NATIONAL
MUSEUM
OF MARINE BIOLOGY &
AQUARIUM
國立海洋生物博物館

位於墾丁國家公園境內西北角龜山山麓臨海地區，全區超過 60 公頃，主要有 3 座展覽館，波浪般的建築物屋頂配合山海景緻凸顯了水的精神。

- 臺灣水域館：藉著小水滴的旅行，訴說臺灣河川到海洋生態的多樣性。
- 珊瑚王國館：有全世界最大的活珊瑚展示，透過 81 公尺長的海底隧道，體驗南中國海熱帶珊瑚世界，並可觀賞白鯨敏捷的身影。
- 世界水域館：臺灣首座撼動人體感官的數位水族館，以虛擬實境模擬古代海洋、海藻森林、深海水域、極地水域等生態環境。

海生館多年來積極推動海洋環境教育，101 年 12 月核准通過「環境教育設施場所認證」。此外，更負有推動海洋科學研究、海洋科技產業等任務，另與東華大學合作成立「海洋生物多樣性及演化」及「海洋生物科技」兩研究所。

作者群

王劭頤 Shao-I Wang

學歷	國立中山大學 海洋生物研究所
現職	國立海洋生物博物館 脊椎動物典藏經理
專長	海洋生態 魚類分類 特殊標本製作

姜海 Hai Chiang

學歷	國立成功大學 創意產業設計研究所
現職	國立海洋生物博物館 研究助理
專長	數位博物館展示 Web 3D設計 使用者經驗研究

李政璋 Jheng-Jhang Li

學歷	國立東華大學 海洋生物多樣性及演化研究所
現職	國立海洋生物博物館 無脊椎動物典藏經理
專長	標本攝影 生態攝影 甲殼動物分類

張至維 Chih-Wei Chang

學歷	國立臺灣大學 動物學研究所
現職	國立海洋生物博物館 副研究員
專長	魚類學 漁業生物學 耳石學

劉銘欽 Ming-Chin Liu

學歷	國立中山大學 海洋生物研究所
現職	國立海洋生物博物館 副研究員
專長	博物館展示規劃與設計 展示互動裝置 生物資料庫建置

［透視‧魚］
Transparent Fish

國立海洋生物博物館
National Museum of Marine Biology & Aquarium

| 黑邊鯒 |

目錄

6 / 出版序/國立海洋生物博物館館長 王維賢

7 / 推薦序/國立中山大學海洋生物研究所教授 莫顯蕎

8 / 推薦序/中央研究院生物多樣性研究中心研究員兼
系統分類及生物多樣性資訊中心執行長 邵廣昭

10 / 導讀/正修科技大學講座教授暨臺灣溼地保護聯盟
理事長 方力行

12 / 透明染色標本的祕密

14 / 魚體圖解——什麼是「魚」？

16 / 用演化說故事——魚類的演化

18 / 軟骨魚

30 / 條鰭魚

124 / 透明標本製作

128 / 透明標本攝影

134 / 照片索引

142 / 名詞索引

出版序

國立海洋生物博物館為海洋生物專業之博物館，負有鑽研和普及海洋生物知識之任務。故自成立以來即特別致力於研究、展示以及科學教育的發展，近年更將過去多年所累積之成果逐步轉化為科普知識或學術上之出版，並希望藉由這些出版將海洋生物知識變得更加普及，學習變得更加有趣。

本次所出版的《透視·魚》即是希望透過有趣又特別的透明魚類圖片來闡述專業之生物知識。透明魚的製作是魚類分類中常用的研究手法之一，透過特殊染色的方式將魚類內部的骨骼結構呈現出來，展現了和X光拍攝下魚類骨骼的差異性。

《透視·魚》精巧的利用物種出現的順序，來敘述魚類演化的歷史。從軟骨魚類到硬骨魚類，書本中絢麗的色彩也從海藍變成豔紅，讀者們可以感受著視覺色彩的震撼性變化。不論是水族館中的魚類，或是在本館中悠游在水缸內的各式魚種，多樣化的魚類知識在作者言簡意賅的描述下，配合著精心拍攝的照片，讓讀者在欣賞魚類多樣性之餘，對於各種特殊魚類亦可以有進一步的認識與了解。

國立海洋生物博物館一直以來的目標，是將豐富的海洋知識傳遞到臺灣每個角落。本書提供的透明魚類世界，相信能讓讀者下次經過水族館或是來訪海生館，駐足在魚缸前，細細欣賞各式各樣魚類的繽紛外表時，會有更深刻的認知與感受。

王維賢

國立海洋生物博物館　館長

｜魔石狗公｜

推薦序

未知的世界總是吸引了人們無限的遐想。生物體內部的構造在皮膚與肌肉組織層層包裹下即無法用肉眼一窺究竟,進而引發了人們對於埋藏在體內的小世界的濃厚興趣。在學術領域裡面,脊椎動物的骨骼研究是動物學裡重要的一環,在系統分類學中則用於解決各物種間分類的系統關連性。其中,相關檢證標本的製作非常關鍵,標本的優劣會進而影響研究的可靠性。

常用的研究方法可分為3類:解剖學、X光與透明骨骼染色。其中,因為透明骨骼染色的製作方法易於辨識標本之軟硬骨,被廣泛所應用。透明標本在比較解剖學與動物學的骨骼研究上提供了直接並真實的型態特徵,因為透明化的結果,使動物骨骼中的相關位置能夠直接觀察到,並且使標本能夠長時間保存,以作為展示或典藏之用。此方式與利用化學和物理的綜合方法,在酵素的作用下使動物組織的折光率和透明劑的折光率相似,使動物體的結構能在保持型體外觀的情況下顯現出來。如此可以在不經一般的解剖下了解生物體的構造。但由於製作透明標本的成本較高,所需的時間也相對較長,所以目前各大專院校尚未普及於教學和科學研究上。

《透視‧魚》是臺灣第一本以透明的手法來呈現魚類世界的書籍,世界上目前已知只有日本出版過以透明生物為主的相關創作。希望藉著此書中多樣化的生物與裡面所敘述的故事,來提供大家對於魚類的認知與了解,並同時欣賞科學創作下的美麗。

中山大學海洋生物研究所　教授

推薦序

很高興看到海生館在去年底剛出版了一本《臺灣魚類耳石圖鑑》的專業工具書，緊接著在半年後又出版了這本兼具教育宣導及藝術欣賞的《透視・魚》的科普書籍。相信一般大眾都未曾見過這種以紅色（硬骨）及藍色（軟骨）為主的透明魚標本，因此會對本書感到新奇有趣而深受吸引。即便是曾經看過或自己親手作過透明魚標本的極少數專家或學生，大概也很難有機會一次見到這麼多個不同魚科、形態各異的透明魚。這些透明魚的標本雖然美麗動人，但因製作費時且所費不貲，且體型愈大、肌肉愈厚的魚體就會費時更長久，比不上用X光拍攝骨骼來觀察的方法這麼快捷。所以一般在魚類系統分類、生態和演化的研究上，並不會常用這種方法，也因此一般典藏魚類標本的博物館就少有透明魚標本的保存。然而由於透明魚標本可以讓研究者用3D的方式，從不同的角度去觀察骨骼系統，這比起X光片只有2D的影像，更能觀察到骨骼不同方位的形態，以及骨塊彼此之間的相對位置關係，因此透明魚的製備在研究、教學及展示上仍有其重要性和必要性。海生館的同仁顯然早已有此認知與先見之明，在許多年前即已開始有計畫的陸續挑選適當的魚標本來製作透明魚。本書雖然只收錄了臺灣已記錄到的298科3100種魚類中的一小部分，但作者們能夠共同合作把一些製作精美的透明魚的成品，利用攝影的技術將它們圖文並茂地編撰出版，不但能令人驚豔與大開眼界，充分發揮了海生館寓教於樂，傳播科學知識的功效與使命，也滿足了大眾的好奇心與求知慾。

其實透明骨骼製作的組織化學技術，共包括了肌肉組織透明化及骨骼系統染色（Clearing and Staining）的兩個主要步驟，早在1960年代前即已被人研發出來，甚至於後來還發明了只會染出魚類全身神經系統網路的方法。但遺憾的是這些傳統形態學、組織學或分類學的研究技術或工具，仍抵不過當前流行的分生或基因體技術，目前已甚少有人在使用並受到輕忽，當然魚類分類人才的快速流失亦為其原因之一。看來透明魚製備的技術和其作品未來應用在製作紀念品或文創商品來販售的機會及其商機，反而更多。

這本書的書名為《透視・魚》，而不用一般俗稱的「透明魚」，可能是因為作者們考慮到在自然界其實還有一些魚種，在活體時，身體原本就是透明，其脊椎骨及鰭條亦清晰可見，譬如一般水族店中常見的玻璃魚（雙邊魚科）、玻璃貓（鯰科），少數蝦虎魚及冰魚科的魚種。這種特徵想必是為了減少被掠食者發現和被攻擊的機會，在不同魚科間所產生的「趨同演化」的結果。甚至於今年（2013）4月在亞馬遜河流域，才又發現了一種體型甚小的新種透明魚（0.7~1.7公分），牠是加拉辛科的夜遊藍腹魚（Cyanogaster noctivaga）。這些身體原本透明的魚，在死後如被酒精或福馬林固定反而會變成不透明，這和本書中，把原本不透明的死魚用化學方法變成透明，正好相反。當然這和2008年用基因轉殖技術把原本不透明的斑馬魚培育出新品系的透明斑馬魚又不相同。

除了魚類會有天生透明的品種外，地球上還有水母、蝦、海鞘、蝴蝶的翅膀、後肛魚的前額、玻璃蛙的腹部，也會有肌肉或組織呈現

透明的現象。生物多樣性和生命科學的奧妙真是有趣且令人嚮往。
我們更希望地球上原本豐富多樣的生命，包括歷經千百萬年來所演
化出來的各種不同的形態特徵、構造及功能，也都能在你我對生態
保育的共同努力下，被永久的保存下來。

中央研究院系統分類及生物多樣性資訊中心 執行長

導 讀

每個人一生中幾乎一定有機會透過 X 光片，看到人體中的骨骼結構，但是幾萬人中，也沒有一個人曾看過透明而完整的魚類骨骼構造，你說《透視‧魚》這本書，稀奇不稀奇？

將魚類變得透明，其實只是科學上研究魚類骨骼構造、親緣關係、演化過程，以及功能形態的一種工具，但是就像天天看著夜空的天文學者，想把絢爛奪目的星雲、星爆介紹給大家；天天看著顯微鏡的生物學者，想把匪夷所思的顯微世界放大在民眾眼前一樣，本書的作者們願意花時間將多年來研究的成果整理出來，與讀者共享，除了讓人眼界大開外，也希望傳達有趣的魚類學知識，並讓自然界妙手天成，美麗又奇幻的構形，豐富我們的藝術涵養。

所以讀者們就知道了，看這本書時至少要有兩種心境：從科學中欣賞到藝術，從美學中學習到知識。

而自己第一次看到透明魚則是早在念臺大動物系漁業生物組時的魚類分類學實驗中，助教陶錫珍老師一步一步的引導著我們照表操作（有關程序見本書第 124 頁）。真神奇！從漁市場下雜魚堆中撿回來那些又髒又臭的小魚，原本被視為「臭皮囊」的身體組織突然消失了，變身成了晶瑩剔透的水晶藝品，還顯現出體內原本深藏不露的骨骼，只是更色彩繽紛，炫人耳目，就像變魔術一樣，科學的魔術！

然後臺灣魚類學的大師沈世傑教授就親自登場了，他不厭其煩的教導，但又極為嚴峻的要求我們背下每一根骨骼的名稱，然後透過各種骨頭的變化，如上、下顎骨組群的伸長，胸鰭骨的強化，尾脊的彎曲……等，將在千萬年歷史中魚類如何演化適應的祕密，揭露在我們眼前，給人忽探天機的驚喜。

不過如果你細讀此書，其實也會有同樣的樂趣，舉些例子吧，譬如我們從小就聽說鯊魚的鱗和一般的魚鱗不一樣，但是最多知道牠皮膚粗粗的，至於鱗片長得如何，幾乎無人曾窺其盧山真面目，而在本書中，藉由將皮膚組織透明化，就可以清楚看到它如賓士汽車「三角星芒」般的稜鱗狀盾鱗（p. 24）。這還不過癮，請再細看棘茄魚（p. 78）和尖鼻魨（p. 122）的身上，一樣有類似的星芒狀魚鱗，這是怎麼回事？牠們既不是鯊魚，更不是軟骨魚，怎麼會有盾鱗呢？其實這就是大自然「趨同演化」的結果，棘茄魚生活在較深的海底，尖鼻魨生活在淺海的珊瑚礁，在遠古時牠們原本都有正常硬骨魚類的鱗片，但雖然兩者生活的環境全然相異，卻不約而同的一起演化出來有刺棘構造的鱗片，目的則是用來防禦想吃牠們的掠食者，在一口咬下去時，滿嘴刺痛而趕緊鬆口，以後再也不敢有非分之想。套句坊間的俚語：「真是魚同此心，心同此理。」

鱗片演化的極致就成了骨板，黏在一起，像裝甲車一樣，於是讀者就可以看到輕裝甲的針鯒（p. 102）背上扛了兩排骨片，重裝甲的海馬全身披著骨板（p. 84），甚至已演化出來有裝甲衝鋒武器的角箱魨（p. 120）和魴鮄（p. 90），這就像陸地上的犰狳、犀牛、穿山甲具有的裝備一樣，原來生命演化的原則在海洋中和陸地上是一樣的，只是人類對「水晶王國」中的大千世界太陌生了，從來沒有好好去了解它而已。

不過在閱讀這本書時，也有些讓人心情沉重的地方。魚體的「龍骨」，也就是大家熟悉的脊椎骨，是身體裡最重要的構造，雖然不同的魚種有所變化，但天生自然卻是生物可以正常生活最重要的條

件，就如我們的脊椎骨沒有骨刺，沒有側彎，沒有椎間盤滑脫，才可以有快樂幸福的正常生活一般。但是在書中的血鸚鵡（p.58），透過染色與組織消化，我們卻可以清楚的看到這條人類創造出來，娛樂大眾，認為可以帶來富貴吉祥的魚，其實是不折不扣的「畸形魚」，牠的脊椎扭曲，尾鰭也沒有了，完全失去了正常魚類應有的構造。或許我們可以說牠本來就是一種被創造出來的，一輩子養在水箱中娛樂人類的生物，沒有機會被放到野外遭受其他生物捕獵，也絕不會擔驚受怕。這麼說也對，但是就我個人而言，總覺得人類在扮演上帝，創造生命，甚至造出來的結果還是殘缺不全之際，或許應該對自己的慾望更保守，更自制一點才對。

書中也介紹了一條自然界中脊椎骨因演化而變形的魚，請看蝦魚（p.88），牠可是海洋中的奇葩，在正常狀況下，蝦魚都是頭朝下尾朝上的漂浮在水中，而且游動時也保持這種姿勢，因此牠的脊椎骨其實是和延長的第一背鰭合在一起，變成了縱貫全背一條又大又硬如甲冑般的骨板了，形成很好的保護構造。而在圖中看到那一節一節的脊椎骨，其實已是最末端彎曲的尾脊部分了，但就算如此，牠的背鰭、尾鰭和臀鰭都還是功能俱全，無一遺漏，只是聚在一起，難捨難分而已。老天爺設計的魚體構造和人類自認聰明配出來的魚體構造，在無所遁形的科學檢驗時，高下立判！

書中還有一條脊椎變形的魚，秘雕魚（p.104），這也是人類干擾環境的後遺症，讓原本正常的花身雞魚變成了駝背的「秘雕」，秘雕魚首次被發現是在核二廠的出水口海域，但是牠的形成卻無關核能或任何放射線的汙染，而是一個純粹的科學、人類活動和生物習性的故事。

用溫差發電的，不管是煤、石油、天然氣或核能，發電廠都會排放高溫的冷卻水，核二廠外的冷卻水排放區因為有防波堤保護排放口，意外的讓它在風浪較大的北海岸成了魚群躲避風浪和小魚成長的避風港，也因此引來許多釣客，貪心的釣魚人會將許多餌料撒入水中，好吸引魚聚集，增加漁獲，也吸引了更多的小魚在此群聚覓食，可是周遭過高的水溫卻干擾了魚體中正常的新陳代謝，約在33~35℃以上時，魚體內協助骨骼正常合成的輔酶、維他命C，就會被破壞，所以魚兒在此就算吃得好，風浪少，溫度高，長得快，卻反而因骨骼發育不良而成了畸形兒。進一步的研究指出，如果將仍在成長中的秘雕魚放回正常水溫中，並補充足夠的維他命C，就會如書中所言，變形的脊椎骨又逐漸會恢復原本的樣貌。所以這件事從頭到尾不關「反核」或「擁核」，而在於人們有沒有足夠的科學知識、科學判斷，和對大自然精巧平衡的了解與尊重。

書中還有許許多多令人目眩神搖的故事與知識，去看看那些魚的嘴巴吧！長的、短的、寬的、窄的、長在背面的、貼在腹面的、可伸可縮的……；去看看那些魚鰭吧！扁的、圓的、分叉的、長條的、蒲扇的、流蘇的……，每一個都訴說著一段奇妙的自然演化史，不過它們太多，也太專門了，沒辦法一一說出，也不需要一一知道，但是要不是本書作者們努力讓大家看到了「透明的魚類」，就像民眾期望看到社會上許多事件能「透明化」一樣，人們又怎能了解在這一扇神祕的門後，到底藏了什麼樣的祕密或寶藏？

方力行

正修科技大學　講座教授
臺灣溼地保護聯盟　理事長

■ 透明染色標本的祕密

每個人都曾經幻想擁有透視的能力。這次，幻想即將成為真實。透過物理與化學的方式，生物體原本隱藏的神祕世界將被一覽無遺。

透明標本是將標本的肌肉組織透明化後，再利用特殊染劑將生物體各部位染上顏色的特殊標本。

標本透明後能使複雜的結構得以分層顯示。

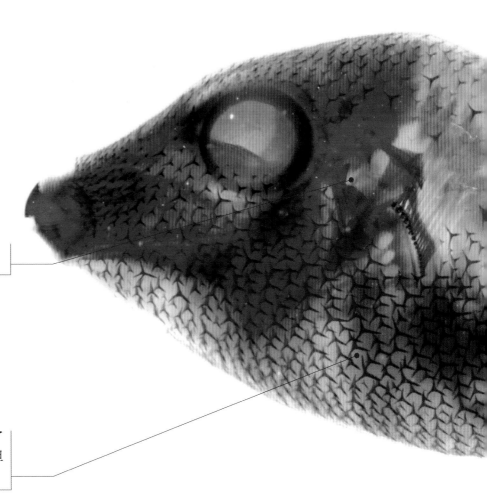

因透明化使得胃內含物顯而易見。有時為了美觀，標本處理過程中會移除胃內含物，但如果處理不當反而會造成標本的損壞。

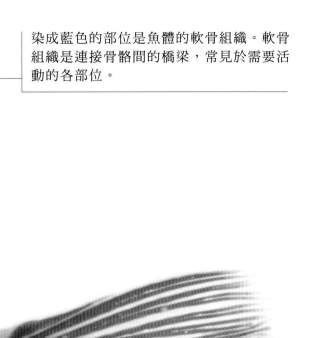

染成藍色的部位是魚體的軟骨組織。軟骨組織是連接骨骼間的橋梁，常見於需要活動的各部位。

染色的原理：軟骨與硬骨

茜素紅一般用於生物鈣化組織的染色。它於1567年因為餵食給動物食用後會導至牙齒與骨骼被染紅而發現。全因是鈣離子會與茜素紅結合形成紅色沉澱物，所以任何含鈣物質皆可被茜素紅染色。茜素紅目前廣泛用於含鈣物質的研究。

亞里西安藍則會作用在酸性多醣類上。剛好軟骨組織中含有醣胺多醣，故可將軟骨組織染成藍色。

魚體透明後，被染成紅色的脊椎骨就能毫無阻礙的直接觀察。

| 瓦氏尖鼻魨 |

■ 魚體圖解——什麼是「魚」？

硬棘

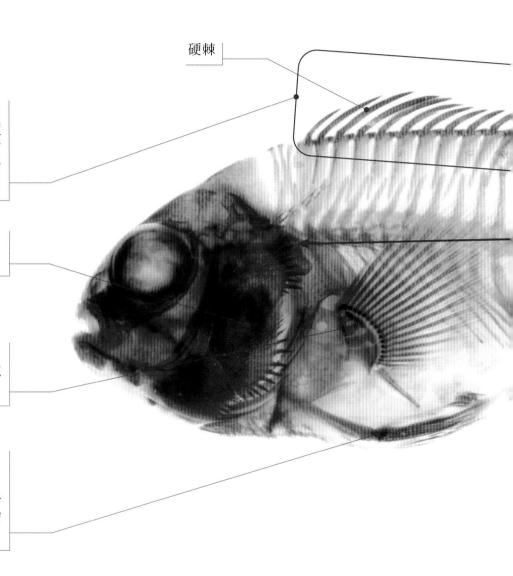

背鰭：
維持平衡與方向的器官，如同船的舵，讓魚類能夠在水中控制上下前後的方向。但某些魚有功能特化的背鰭，如鮟鱇魚的燈籠或是印魚的吸盤。

鰓：
魚類的呼吸器官，富含微血管以利氣體交換。

胸鰭：
胸鰭的位置通常都位在頭部的後方，緊接著鰓孔附近。主要作用為方向的轉換。

腹鰭：
腹鰭主要在幫助背鰭和臀鰭保持身體的平衡，隨著演化進行，腹鰭會逐漸往魚體的前半段移動，故越進化的魚種，腹鰭會越接近鰓蓋骨的地方。

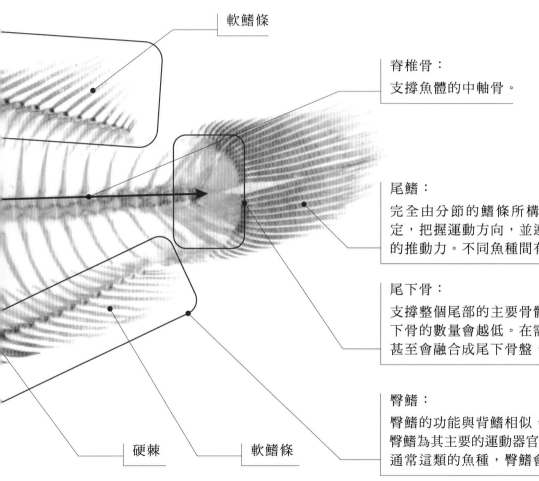

軟鰭條

脊椎骨：
支撐魚體的中軸骨。

尾鰭：
完全由分節的鰭條所構成，能使身體保持穩
定，把握運動方向，並連同尾部一起產生前進
的推動力。不同魚種間有各式的特化現象。

尾下骨：
支撐整個尾部的主要骨骼，越進化的魚種，尾
下骨的數量會越低。在需高速游泳的魚類中，
甚至會融合成尾下骨盤，如鮪魚。

臀鰭：
臀鰭的功能與背鰭相似，但有些特別魚種會以
臀鰭為其主要的運動器官，如弓背魚、電鰻等。
通常這類的魚種，臀鰭會較其他的種類長。

硬棘　　軟鰭條

魚類是一種具有鰭狀物的水中脊椎動物，主要包含了軟骨魚與條鰭魚。除了少部分像是鮪魚等能夠維持體幹溫度的魚類外，大部分魚類為冷血動物。幾乎所有水域中皆有魚類的存在，包括了6000多公尺的高山上以及1萬多公尺深的海溝中。魚的種類超過了3萬2千種，是所有脊椎動物中所占比例最高的生物。現在，讓我們利用透明標本來了解魚體的構造吧！

由於魚鰭是由內骨骼的支鰭骨和鰭條所組成，
所以其成分和骨骼的成分是一樣的。

眼斑海葵魚

■ 用演化說故事——魚類的演化

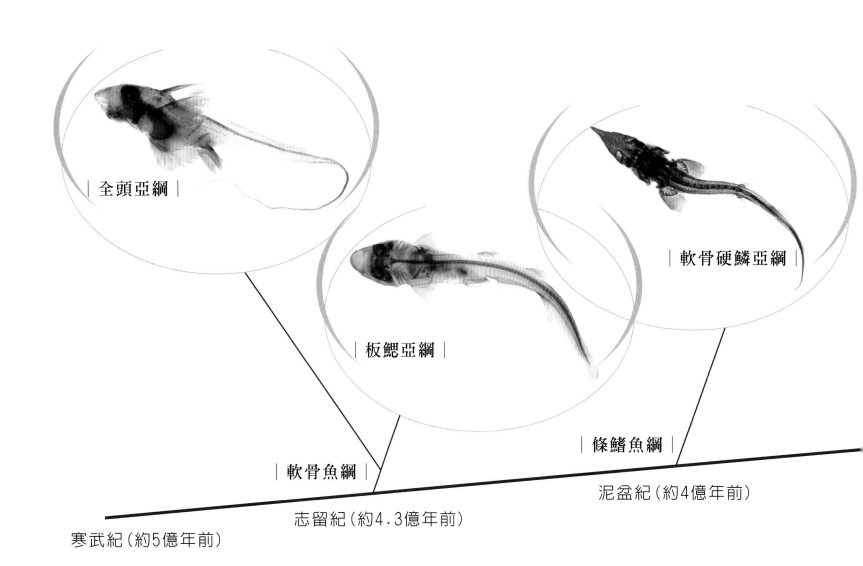

全頭亞綱

軟骨硬鱗亞綱

板鰓亞綱

軟骨魚綱

條鰭魚綱

泥盆紀（約4億年前）

志留紀（約4.3億年前）

寒武紀（約5億年前）

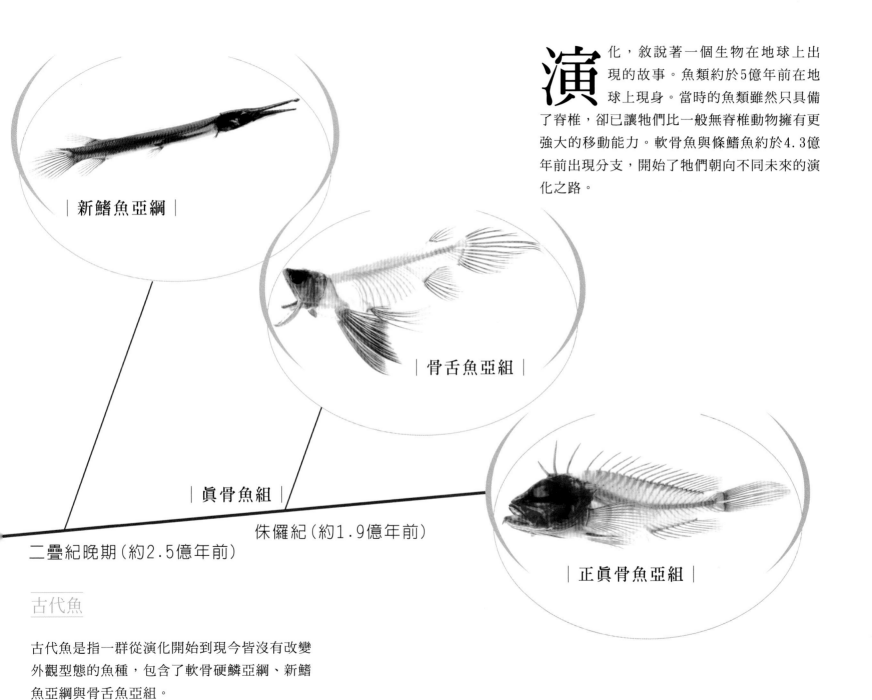

演化，敘說著一個生物在地球上出現的故事。魚類約於5億年前在地球上現身。當時的魚類雖然只具備了脊椎，卻已讓牠們比一般無脊椎動物擁有更強大的移動能力。軟骨魚與條鰭魚約於4.3億年前出現分支，開始了牠們朝向不同未來的演化之路。

| 新鰭魚亞綱 |

| 骨舌魚亞組 |

| 眞骨魚組 |

侏儸紀（約1.9億年前）

二疊紀晚期（約2.5億年前）

| 正眞骨魚亞組 |

古代魚

古代魚是指一群從演化開始到現今皆沒有改變外觀型態的魚種，包含了軟骨硬鱗亞綱、新鰭魚亞綱與骨舌魚亞組。

■ 軟骨魚

軟骨魚的骨骼由軟骨組成，為魚類中較低階的種類，所以在染色後魚體會以藍色為主。牠們主要是利用鰓裂來進行氣體交換，除了少部分的鯊與魟能夠主動換氣外，大部分的軟骨魚皆需要藉由自身的移動來讓水流通過鰓裂以利氣體的交換。一般而言，軟骨魚的胸鰭都偏大，且與牠們的體軸成水平，是重要的平衡器官。另外，角質鰭條的不分支不分節是軟骨魚所特有。依照體態，軟骨魚可分成扁平狀的魟和鰩，以及流線型的鯊。

背面

為什麼軟骨魚的脊椎骨為紅色的？

軟骨魚也是有部分骨骼，如頭骨與脊椎骨，是較具鈣化的部位，故會被硬骨染劑染成紅色。

| 廣東老板鯆 |

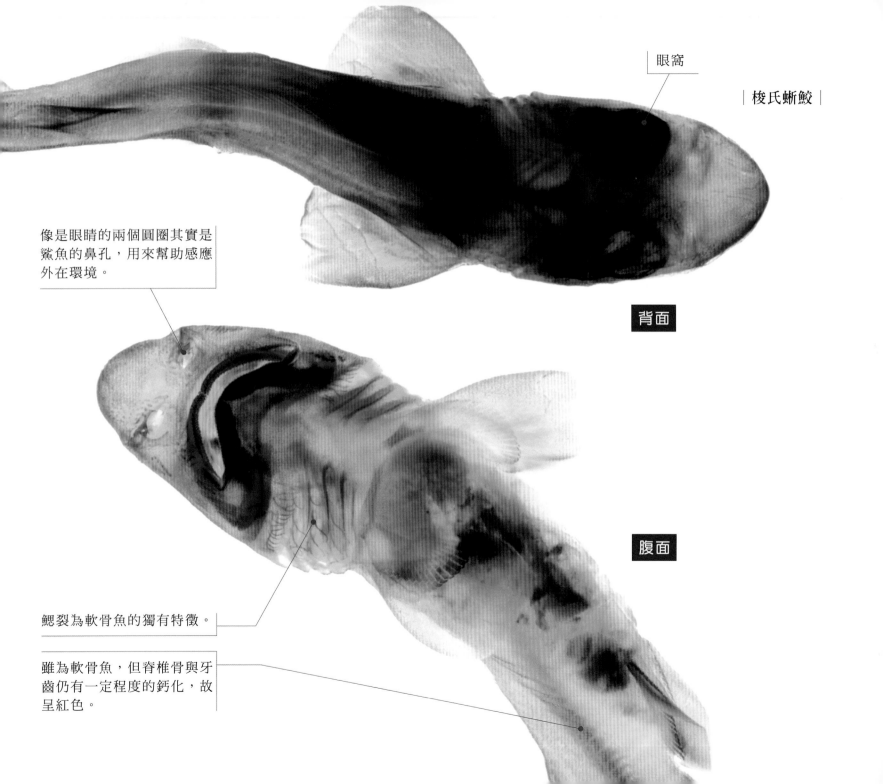

眼窩

| 梭氏蝲鮫 |

像是眼睛的兩個圓圈其實是
鯊魚的鼻孔，用來幫助感應
外在環境。

背面

腹面

鰓裂為軟骨魚的獨有特徵。

雖為軟骨魚，但脊椎骨與牙
齒仍有一定程度的鈣化，故
呈紅色。

有著兔子臉的銀鮫雖被歸類在軟骨魚，
但卻有一片可以開合進行氣體交換的鰓
蓋，透過具有特殊通道的入水孔將水流
導入鰓部。這與一般的鯊魚將水流由口
導入不同。
銀鮫的尾鰭細長，與一般鯊魚的體型不
同，當然運動的方式也不同。銀鮫主要
靠牠的一對胸鰭的如鳥類翅膀般上下擺
動，在海中滑行前進。

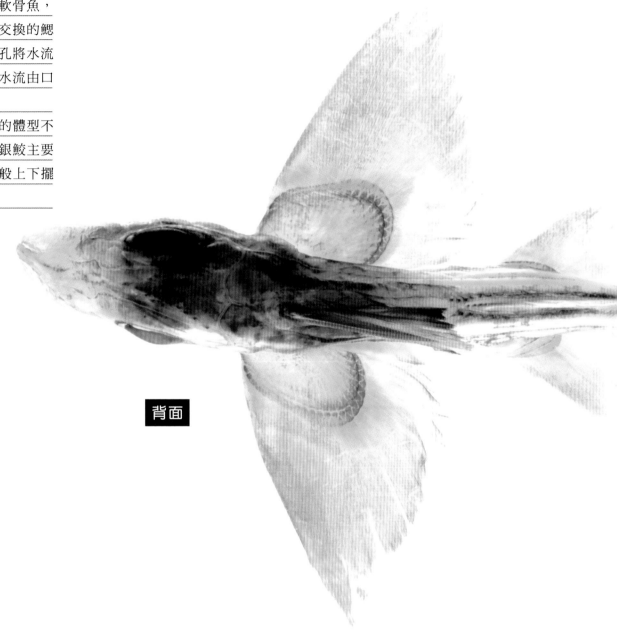

背面

| 銀鮫 |

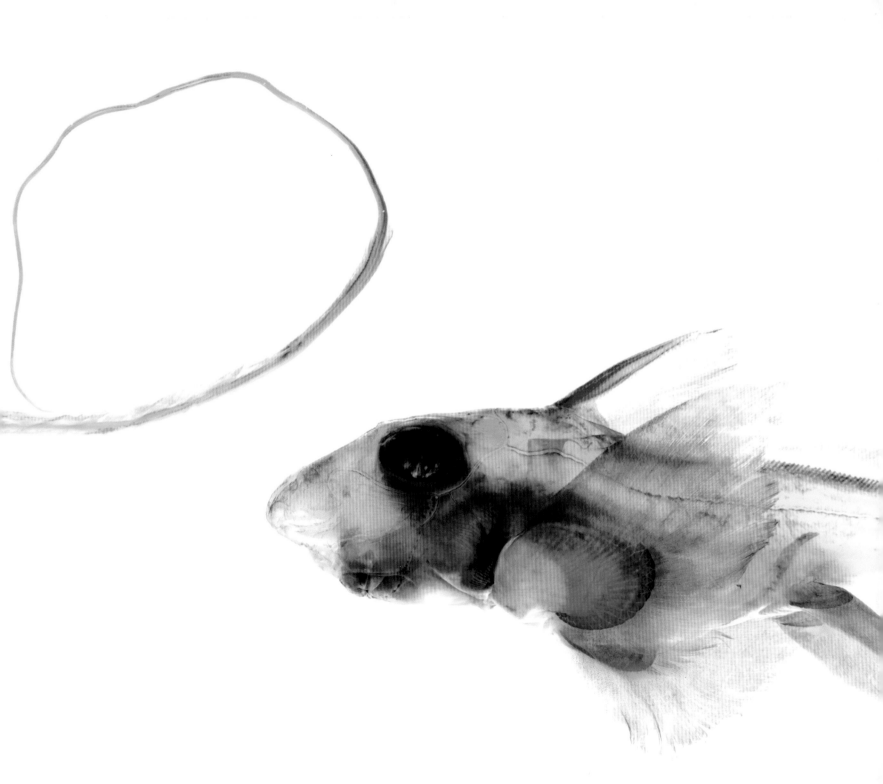

| 梭氏蜥鮫 |

強而有力的尾鰭提供了鯊魚強進的推進
能力，配合著流線的身軀與大帆狀的胸
鰭讓牠們成為海洋中高效率的捕獵者。

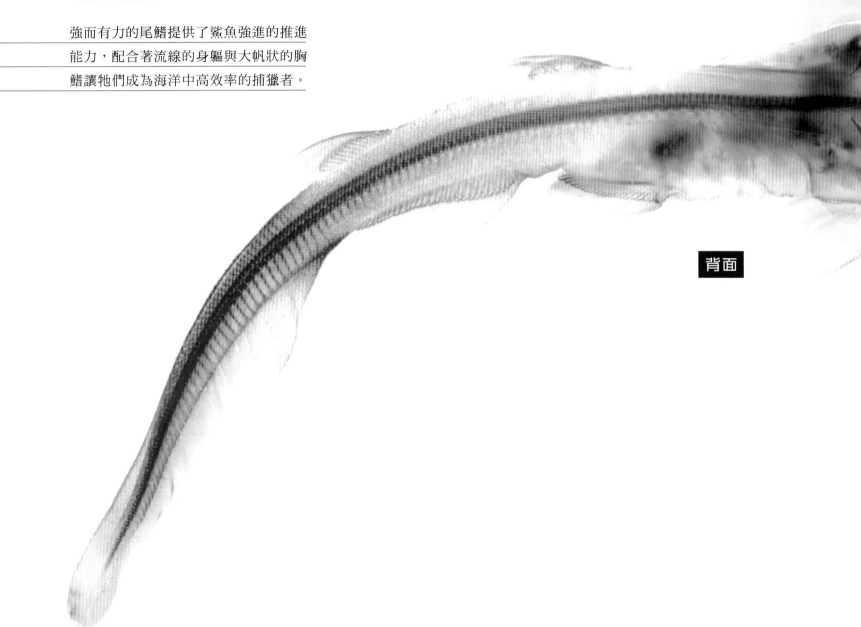

背面

鯊魚雖是軟骨魚，但因上下顎和脊椎皆富含鈣質，所以染色過程中會呈紅色。圖中顯示鯊魚的上下顎顏色特別深，表示此部位鈣化特別明顯，也特別堅硬。因而常是鯊魚死亡分解後少數會留下來的部位。

腹面

鯊魚的鱗片

盾鱗是由表皮和真皮所形成，為板鰓魚類所特有。牠們就像鯊魚的小型牙齒，觸摸起來如砂紙般的粗糙。

鯊魚全身皆附蓋著盾鱗，而鱝類的盾鱗則是不均的分布在背部、尾部和胸鰭等部位。

盾鱗的形狀及排列順序會影響游泳效率，一般是順著身體方向排列，減少水流阻力，以提高游泳速度。

背面

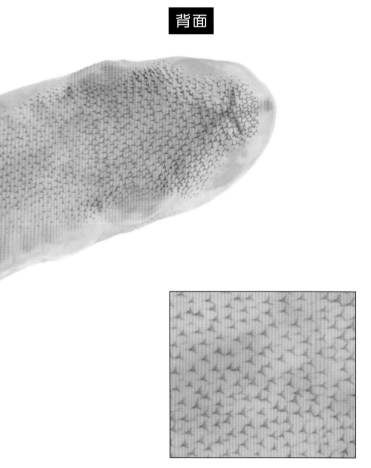

| 臺灣喉鬚鯊 |

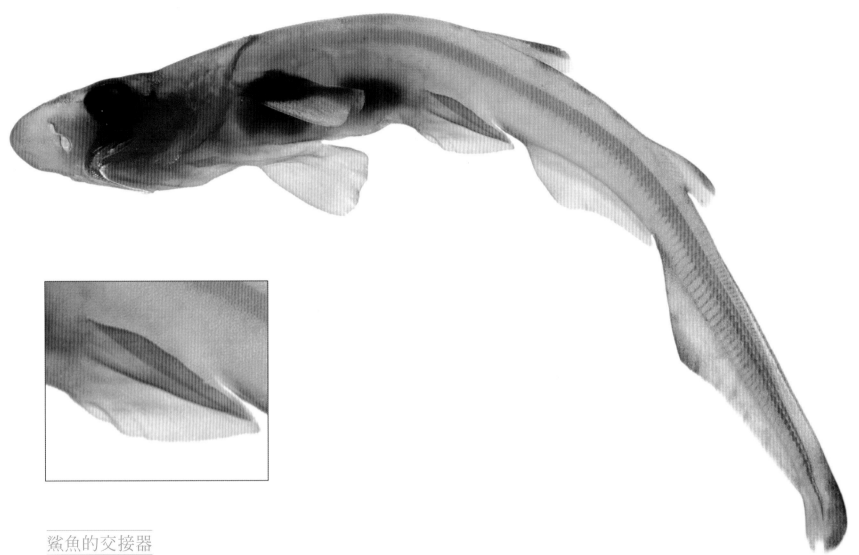

鯊魚的交接器

公魚的交接器是屬於腹鰭的一部分，用來將精
子傳遞到母魚身體裡面。每種鯊魚的交接器都
不一樣，使得不同種的鯊魚無法互相交配，因
此成為鯊魚鑑定的重要特徵。

| 梭氏蜥鮫 |

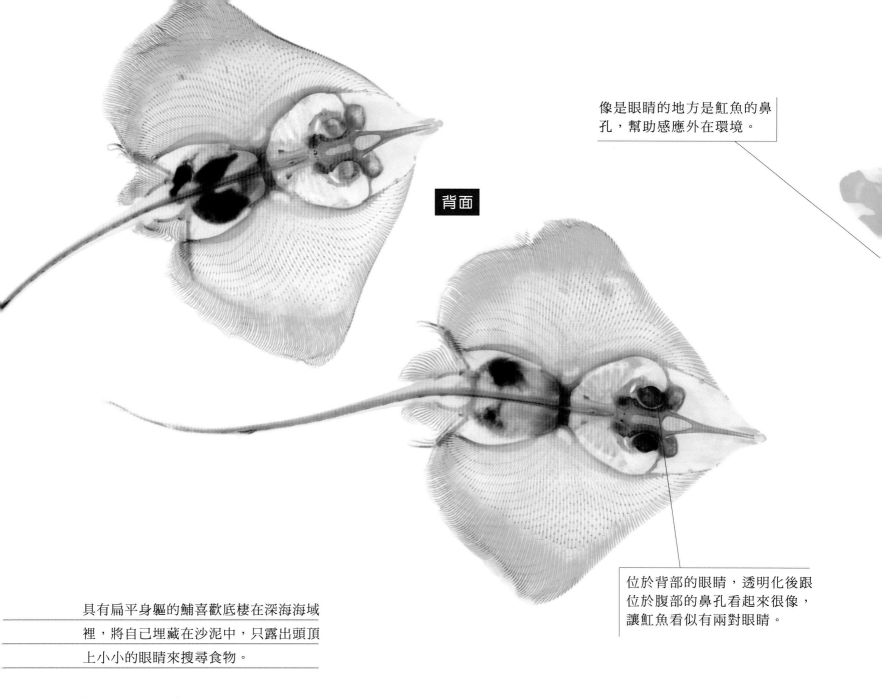

像是眼睛的地方是魟魚的鼻孔，幫助感應外在環境。

背面

位於背部的眼睛，透明化後跟位於腹部的鼻孔看起來很像，讓魟魚看似有兩對眼睛。

具有扁平身軀的鯆喜歡底棲在深海海域裡，將自己埋藏在沙泥中，只露出頭頂上小小的眼睛來搜尋食物。

| 廣東老板鯆 |

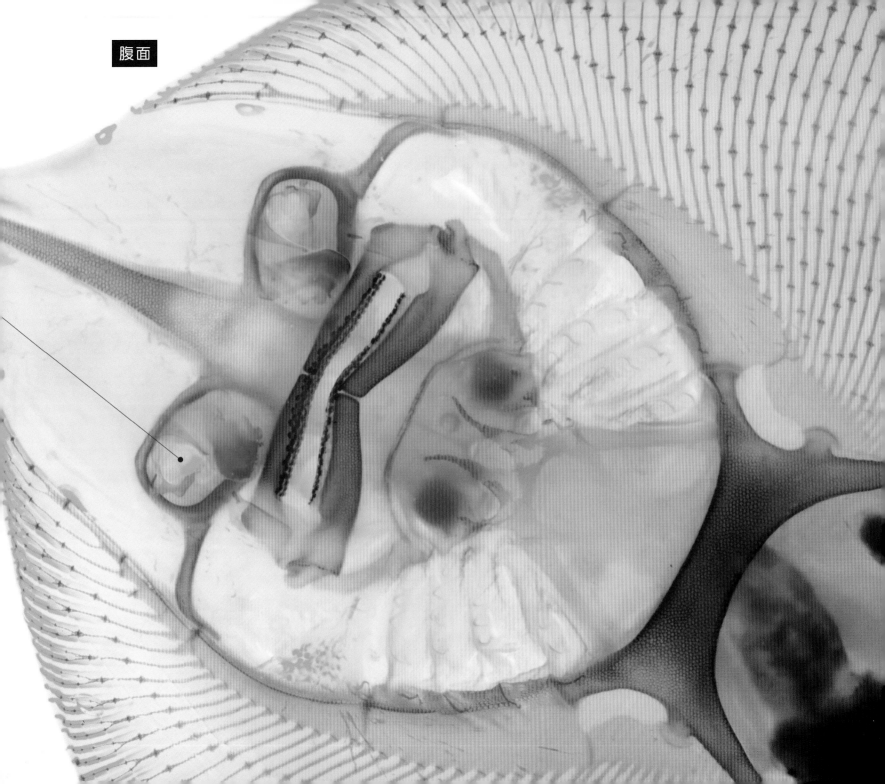
腹面

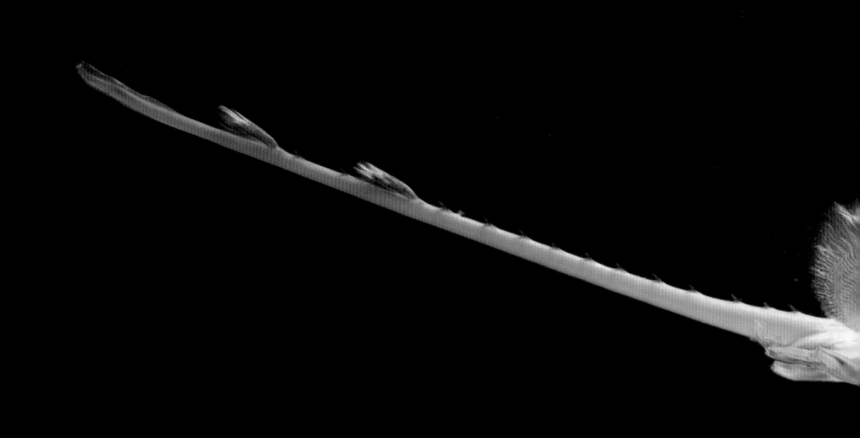

特化的大胸鰭提供了牠們游泳動力的來
源，波浪狀的拍打方式讓牠們像是深海
中另類的空中之鳥。

| 廣東老板鮋 |

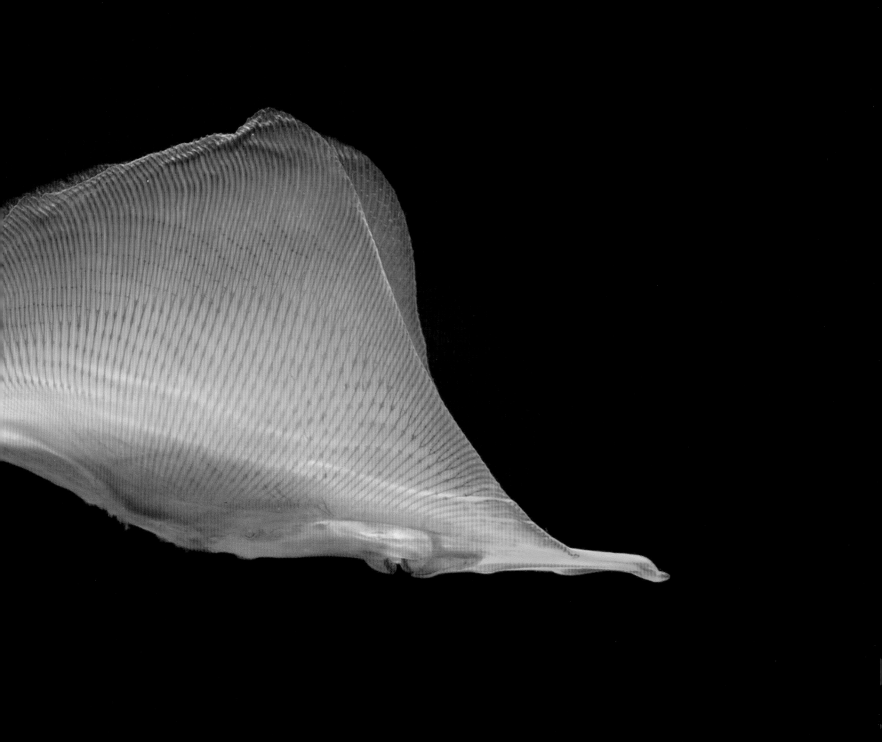

■ 條鰭魚

條鰭魚是所有脊椎動物中種類最多的一群，包含了近30000種的魚類。牠們全身大部分的骨骼是由鈣化之硬骨所組成，在染色後魚體主要呈現紅色。另外，條鰭魚各部位的魚鰭鰭條是由鱗片衍生而來的鱗質鰭條所組成；重要的是牠們能透過自行開閉的鰓蓋來主動導入水以進行換氣。

隨著演化的進行，條鰭魚的脊椎骨數量會因為融合或退化而減少，背鰭、胸鰭與腹鰭的位置與功能會開始改變，尾鰭則會出現對稱的現象，並且嘴部會為了因應不同的覓食方式而特化。

| 古代魚：齒蝶魚 |

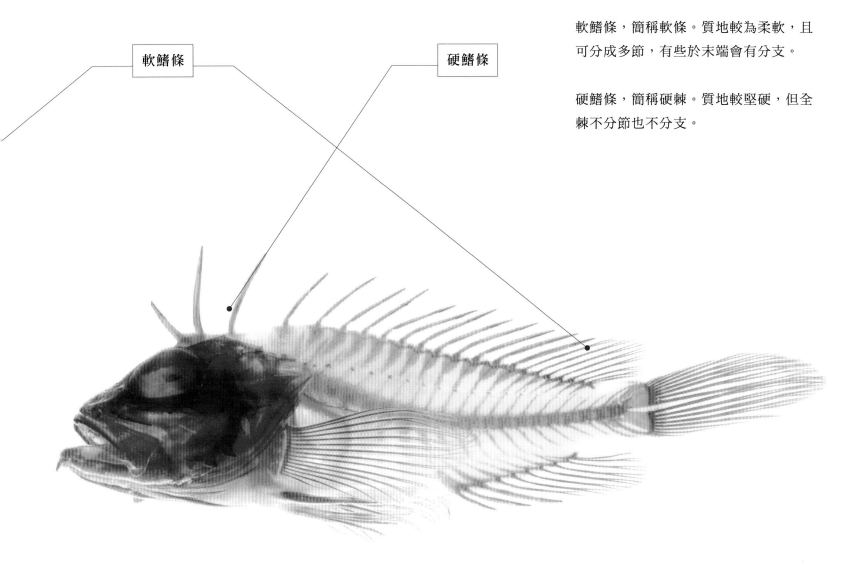

條鰭魚所專有的鱗質鰭條

軟鰭條，簡稱軟條。質地較為柔軟，且可分成多節，有些於末端會有分支。

硬鰭條，簡稱硬棘。質地較堅硬，但全棘不分節也不分支。

軟鰭條

硬鰭條

| 高階硬骨魚類：條紋線鮋 |

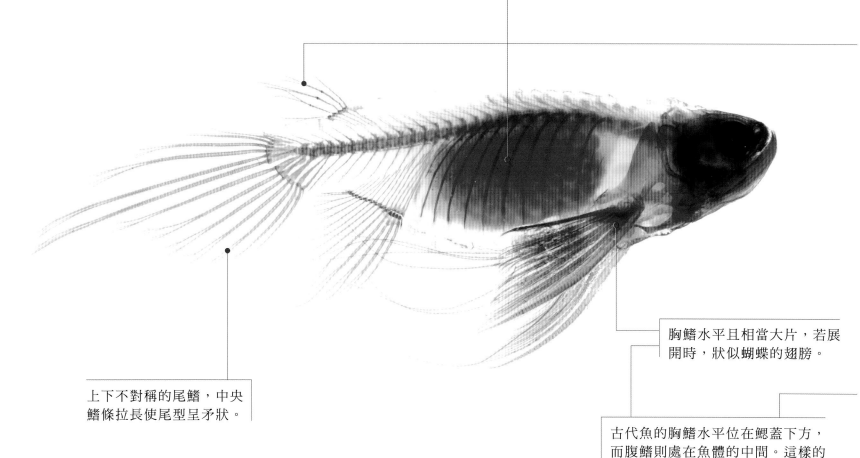

古代魚

現今存留的古代魚類自幾億年前出現後，身上的許多特徵迄今仍維持在原始的樣子而沒有進一步的改變。

透明後的觀察重點：
母魚魚卵

胸鰭水平且相當大片，若展開時，狀似蝴蝶的翅膀。

上下不對稱的尾鰭，中央鰭條拉長使尾型呈矛狀。

古代魚的胸鰭水平位在鰓蓋下方，而腹鰭則處在魚體的中間。這樣的結構能提供魚體在水中的穩定力，甚至是些許的煞車動力。

| 齒蝶魚 |

古代魚的背鰭較為簡化，多半單一，目的是為了避免魚體翻滾。

位於魚體中間的腹鰭

外觀似象鼻的特化嘴部是用來獵捕埋藏在泥土裡的無脊椎動物。

| 彼氏錐頜象鼻魚 |

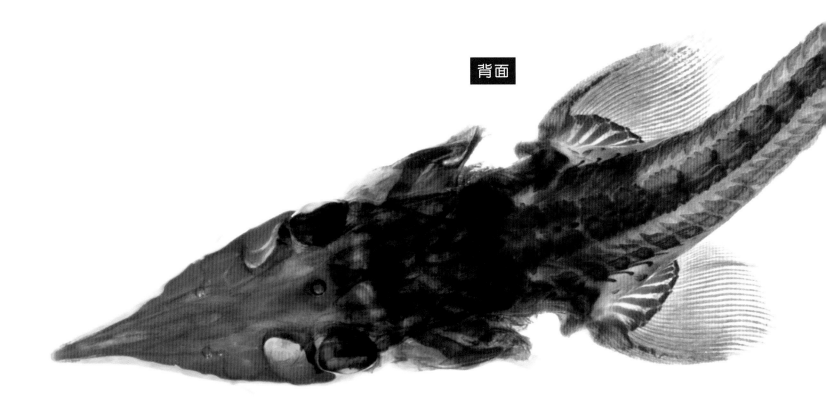

背面

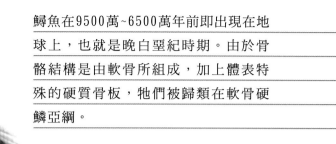

鱘魚在9500萬~6500萬年前即出現在地
球上，也就是晚白堊紀時期。由於骨
骼結構是由軟骨所組成，加上體表特
殊的硬質骨板，牠們被歸類在軟骨硬
鱗亞綱。

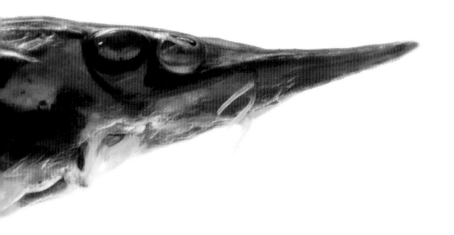

史氏鱘

經過透明化及染色處理後，軟骨硬鱗亞綱的史氏鱘體表骨板呈現紅色，而尾端呈現藍色的歪尾鰭為古代魚的特徵之一。

| 眼斑雀鱔 |

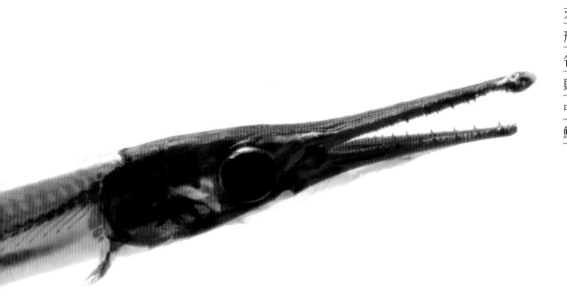

充滿利牙的長頜與染色後呈現紅色鑽石
形的鱗甲為雀鱔的主要特徵。大部分的
雀鱔種類皆已滅絕，少部分現生的物種
則只生存於北美洲的淡水中。位在體幹
中段的腹鰭與不對稱的尾鰭皆代表了雀
鱔為演化中較早出現的魚類。

在舌頭上具有骨頭的魚類—骨舌魚

骨舌魚目為條鰭魚類早期所演化出來的分支。除了少數種類外，此目下的大部分魚種皆生活在淡水。牠們最大的特徵就是具有骨化的舌頭，並利用舌頭上的牙齒來進行咬合。另一個顯而易見的特徵則是牠們的腸胃道在食道的左邊，而其他的所有魚類則是在右邊。

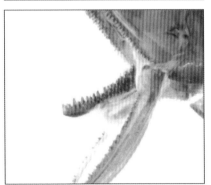

骨舌魚目下的齒蝶魚

不具骨舌的高階硬骨魚（魔石狗公）

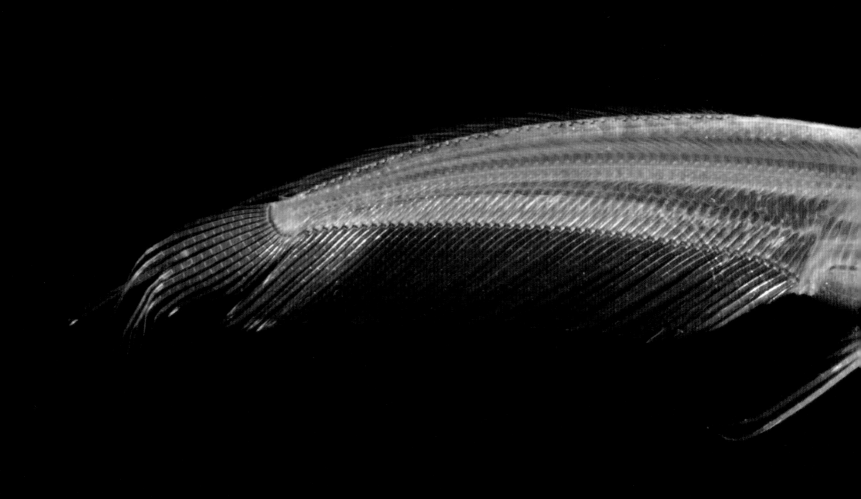

| 銀帶 |

身爲骨舌魚一份子的銀帶喜歡待在水域
表層，會利用嘴部前端的兩根觸鬚來感
應獵物。牠們也以口孵的方式來保護受
精卵，直到幼魚孵化爲止。
尚未完全硬化的幼體呈現了一種前紅後
藍的有趣現象。

齒蝶魚為骨舌魚目中體型最小的魚類。

覆蓋小齒的骨舌在染色後顯得古怪異常。

由於牠們以昆蟲為主食，寬闊的胸鰭剛

好提供了齒蝶魚躍出水面的能力來捕捉

天上的飛蟲。

單一的背鰭、不對稱的尾鰭與水平的胸

鰭暴露了齒蝶魚較早演化的身分。

背面

| 齒蝶魚 |

小小的背鰭讓寶刀狀的弓背魚不至翻船打滾。和其他魚類不太一樣的是，弓背魚主要的移動動力來源為一路從身體前中段延伸到尾鰭的臀鰭。體內密麻的細刺則指出了弓背魚身為古代魚的證據。

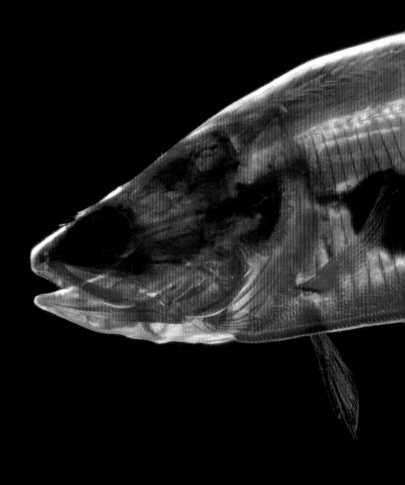

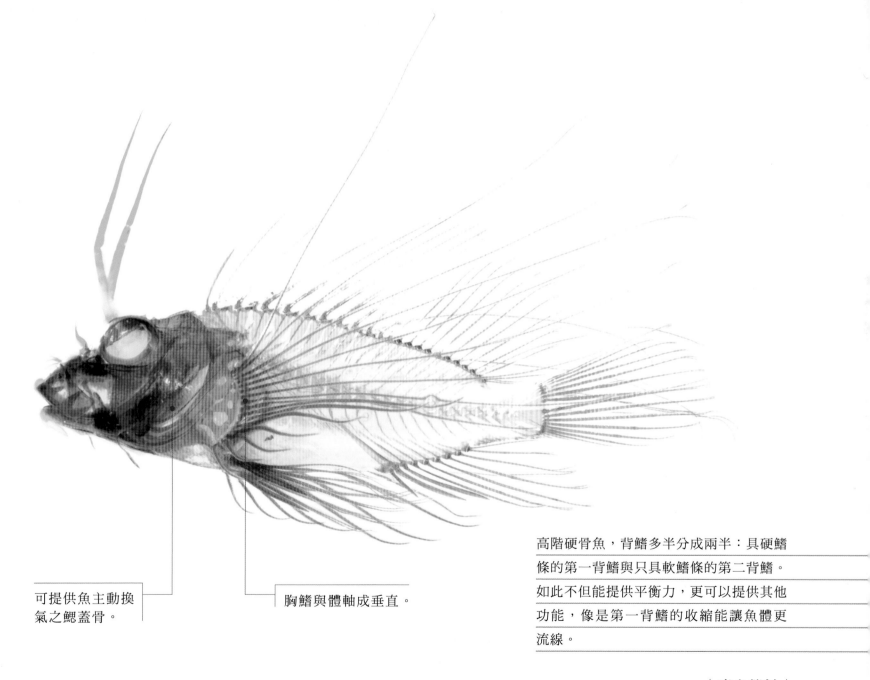

可提供魚主動換
氣之鰓蓋骨。

胸鰭與體軸成垂直。

高階硬骨魚，背鰭多半分成兩半：具硬鰭
條的第一背鰭與只具軟鰭條的第二背鰭。
如此不但能提供平衡力，更可以提供其他
功能，像是第一背鰭的收縮能讓魚體更
流線。

| 魔鬼簑鮋 |

[繽紛的淡水世界]

淡水魚類因為容易飼養與討喜多變的繽
紛色彩，成為水族愛好者的首選。

| 珍珠馬甲 |

珍珠馬甲銀褐色的身體覆蓋著珍珠狀的斑點，由於這身雍容華貴的外表，讓牠們成為最受水族愛好者歡迎的魚類之一。牠們的腹鰭已經演化成為一對細長的敏銳觸鬚，在平時可以前後左右地擺動。

| 大神仙魚 |

具有細長鰭條的神仙魚因為優雅的泳姿在水族市場深受魚迷的喜愛。牠們原本棲息在沼澤或水生植物密集的河流中，條紋狀的體色正是良好的保護色。

金魚為人為操控演化的最佳證明。早在十八世紀即有人為自行繁殖成功的案例。各式各樣的變種在人們自行培養下急遽特化，逐漸將牠們推向觀賞魚的極致，特別是尾鰭的樣式與鱗片的色彩。

| 金魚 |

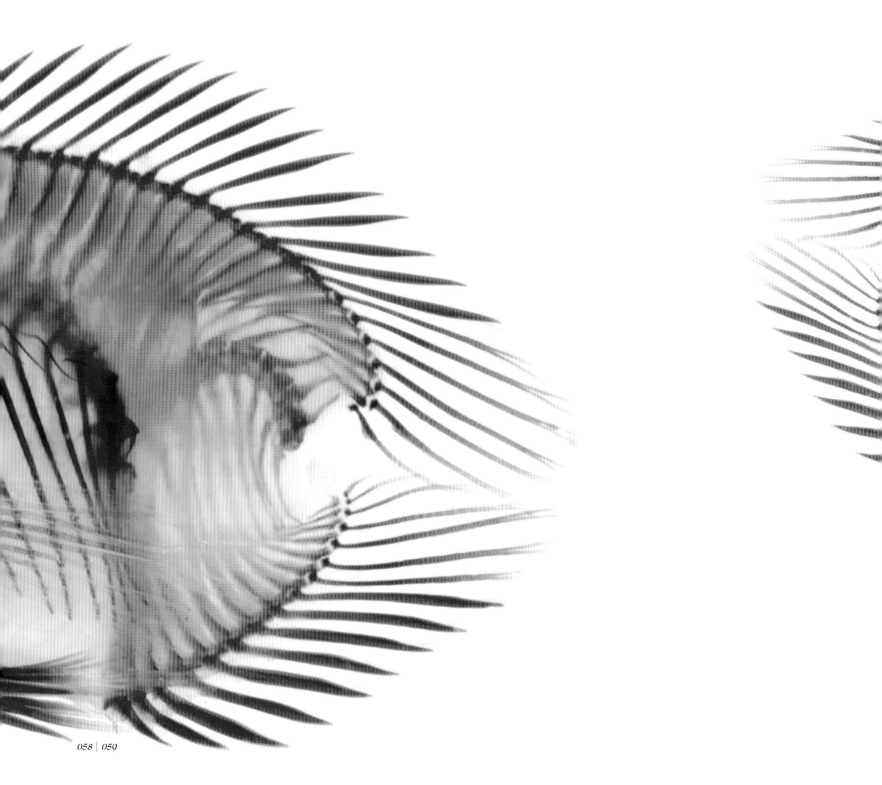

血鸚鵡

血鸚鵡是由臺灣的業者在意外中將橘色
雙冠麗魚 (*Amphilophus citrinellus*) 和紫
紅火口 (*Cichlasoma synspilum*) 雜交而成
的人工魚種。但牠的尾鰭付之闕如，脊
椎連續彎曲，與我們熟知的正常魚體並
不相同。不過由於其胖胖的身軀與可愛
的三角嘴讓牠們深受民眾的歡迎。而近
年來血鸚鵡被更進一步的將外觀培育成
愛心形的外型，來滿足魚迷的喜好。

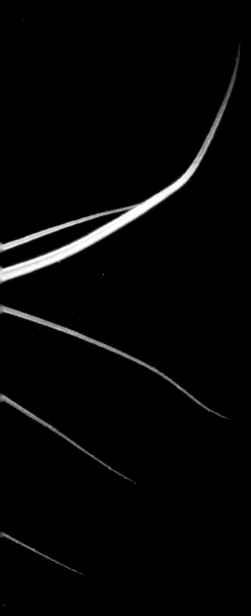

具有細長鬚的鬍鯰多半為夜行性，喜
歡用具有味蕾的成對鬚在泥灘中搜尋
食物。

| 鬍鯰 |

[浩瀚的海洋魚類]

海洋是個廣闊的生活空間。許多魚類為
了適應不同的生存環境而演化出不同的
生存模式。各式各樣的體型、千奇百怪
的捕獵方式、甚至顛覆一般人對於魚類
的固有印象，就讓我們來一窺牠們藏在
大洋裡面的祕密吧！

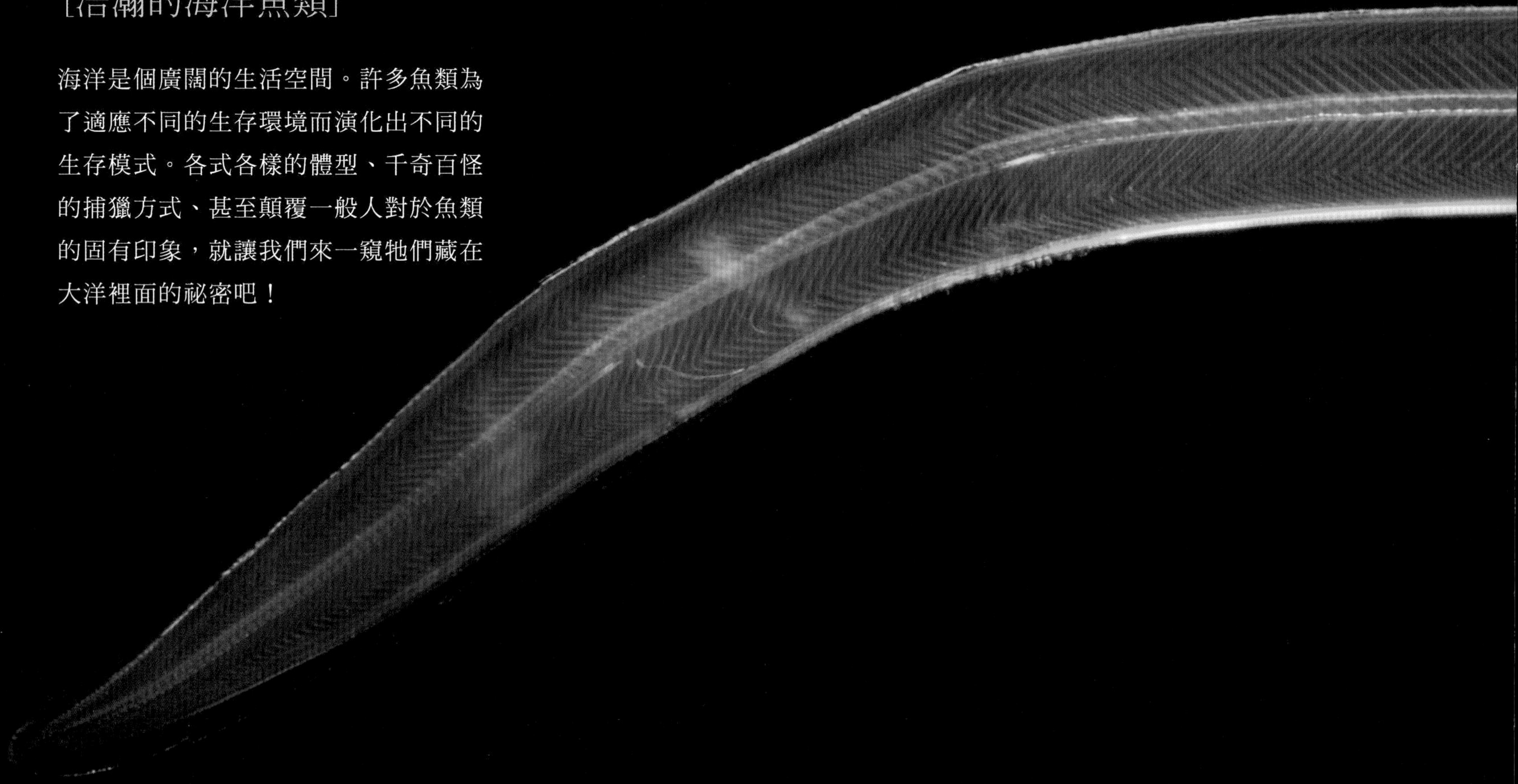

柳葉鰻為鰻魚的幼苗，因為體型像柳葉
而得名。孵化後的柳葉鰻會先隨著潮水
漂流，直到抵達河口準備溯河前，柳葉
的型態才會開始轉變成大家所熟知的細
長體型。頭部的兩個紅點即為魚類的耳
石，為鈣化組織，故呈現紅色。而柳葉
鰻因骨骼尚未鈣化，所以整隻呈現美麗
水藍色。

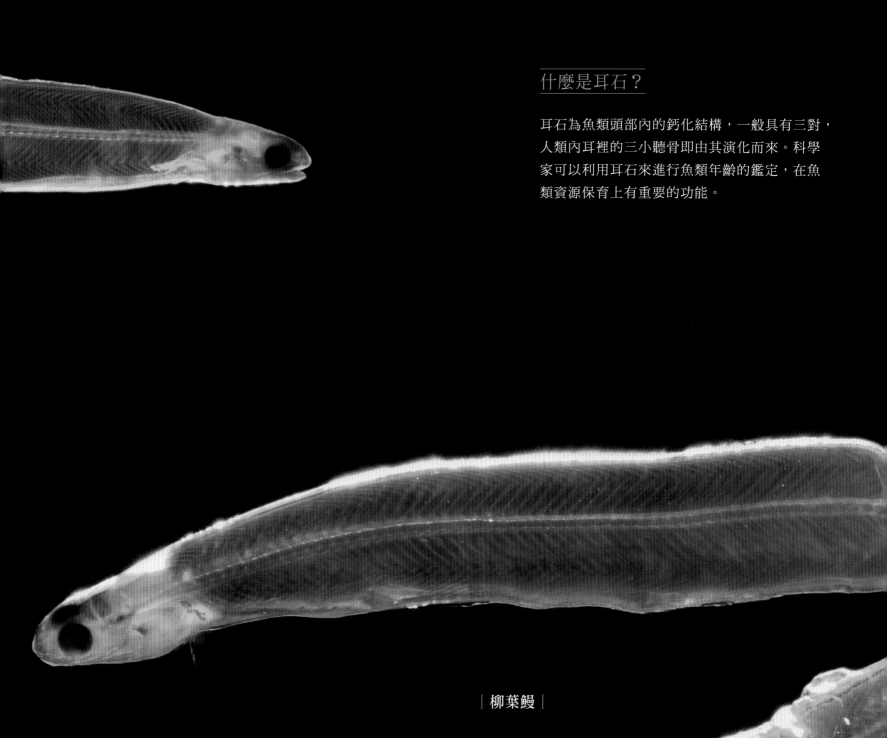

什麼是耳石？

耳石為魚類頭部內的鈣化結構，一般具有三對，人類內耳裡的三小聽骨即由其演化而來。科學家可以利用耳石來進行魚類年齡的鑑定，在魚類資源保育上有重要的功能。

| 柳葉鰻 |

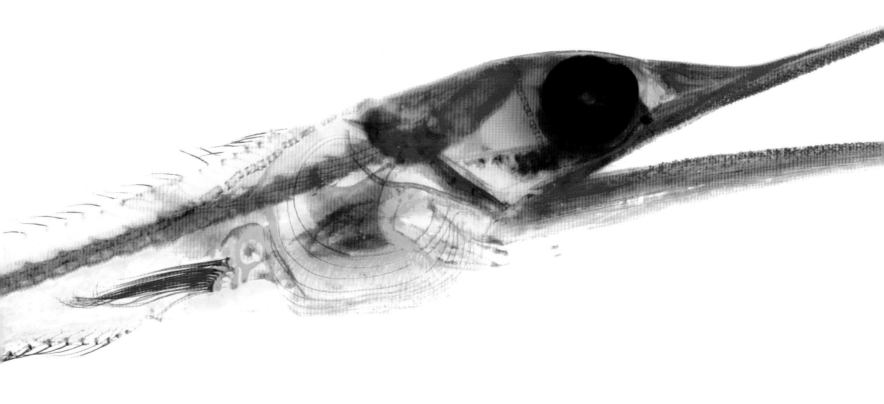

線鰻為臺灣漁船深海底拖時常見魚種之
一。細長的嘴部充滿細齒，讓被咬住的
獵物無法輕易逃脫。
線鰻最特別的地方在於牠細長的身軀
其實大部分都是尾部，內臟與其他消化
器官皆集中在身體的前十分之一的
區域內。

| 線鰻 |

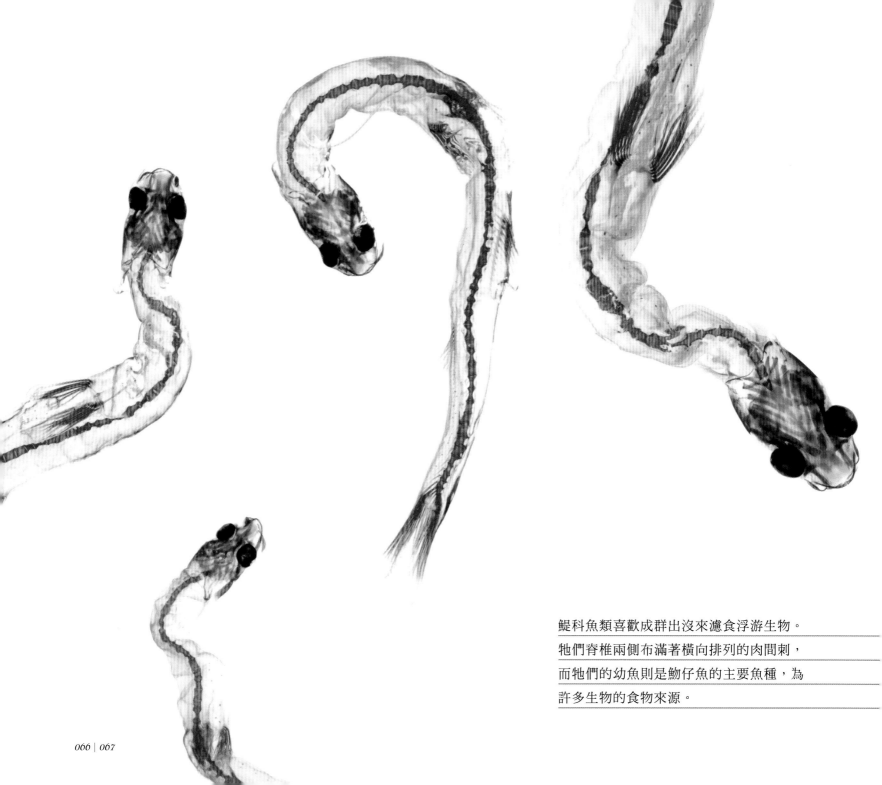

鯷科魚類喜歡成群出沒來濾食浮游生物。
牠們脊椎兩側布滿著橫向排列的肉間刺，
而牠們的幼魚則是魩仔魚的主要魚種，為
許多生物的食物來源。

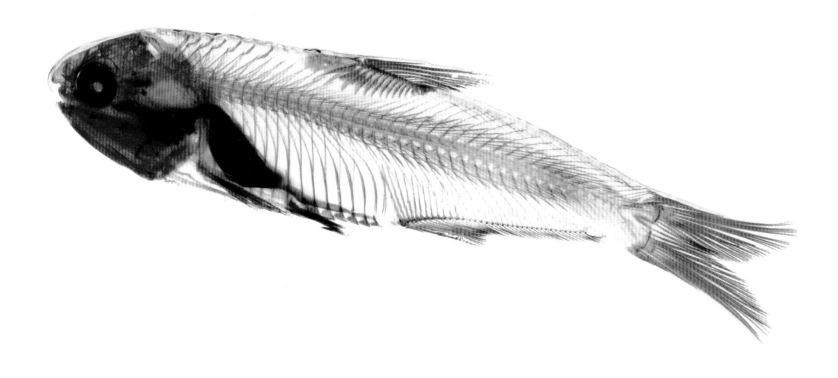

| 稜鯷 |

生活在深海的閃電燭光魚具有大大的眼
睛及布滿下腹部的發光器，這讓牠們在
深海中仍能看到彼此，甚至進行溝通。

| 閃電燭光魚 |

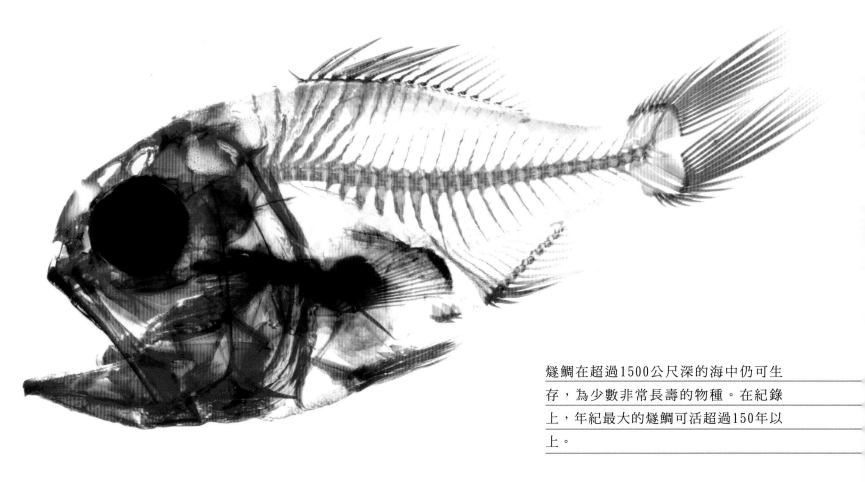

燧鯛在超過1500公尺深的海中仍可生存，為少數非常長壽的物種。在紀錄上，年紀最大的燧鯛可活超過150年以上。

| 燧鯛 |

擁有一張大嘴的鐮齒魚,是底棲性魚
類,以小型無脊椎動物為食。

| 小鰭鐮齒魚 |

生活在深海的巨口魚在下顎的地方具有絲
狀發光器，主要用於吸引異性或是誘捕獵
物。水汪汪的大眼也讓牠們在光線微弱的
深海中擁有較佳的視力。

| 星衫魚 |

海鰗鰍是生活在遠洋中的小型魚類，小
小的嘴巴只能以浮游生物為食。
牠的第一背鰭為單一的軟鰭條，有如避
雷針一般聳立在頭頂之上，這與其他硬
骨魚類的第一背鰭多為硬棘不同。

尖尾海鰗鰍

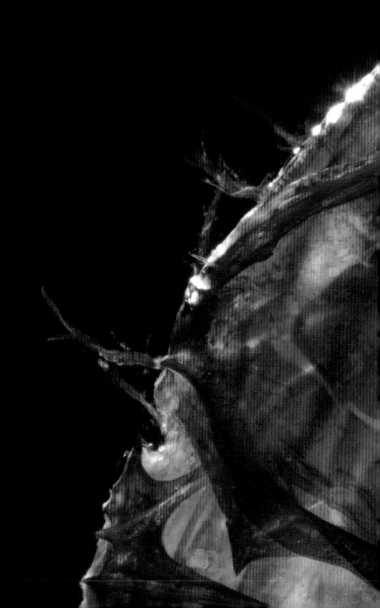

巨大的嘴巴與滿口的利牙宣告了鮟鱇魚
的獵捕策略。利用第一背鰭特化的吻觸
手吸引不知情的獵物來到大口前，然後
一口將牠們吞下肚。利牙則幫助牠們咬
緊獵物避免逃脫。

│ 黑鮟鱇魚 │

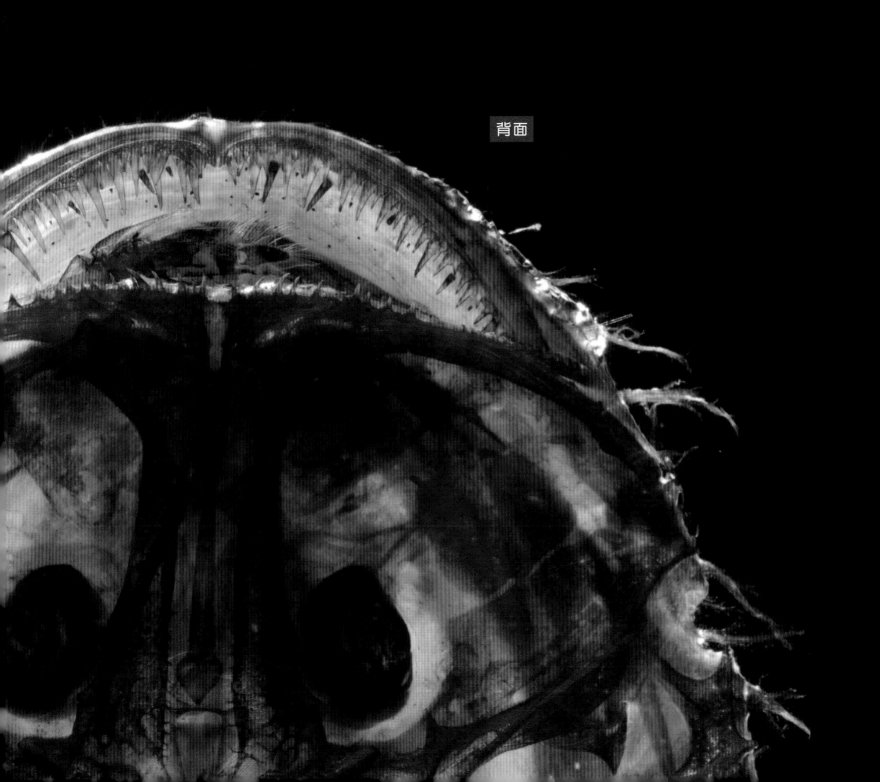
背面

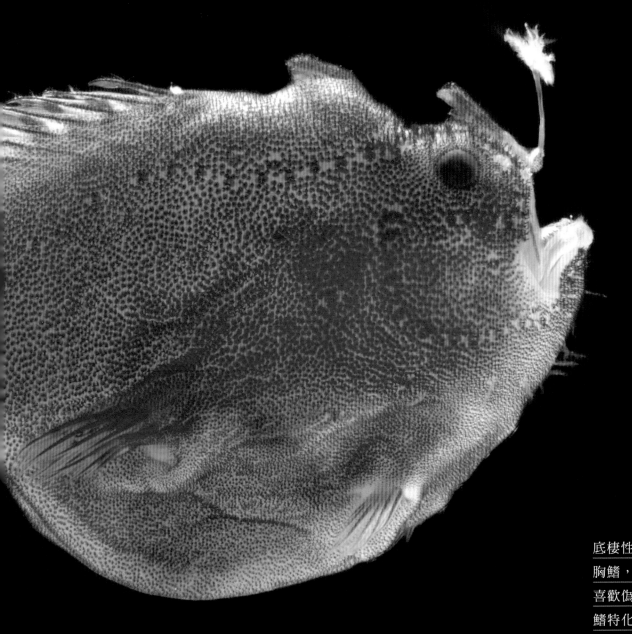

| 條紋蠍魚 | （剝皮前）

底棲性的蠍魚具有像步足一般的腹鰭與胸鰭，可以用來在海底爬行。牠們平時喜歡偽裝成海底的石頭或海綿，利用背鰭特化而來的假釣餌擬態成小型水生生物，以吸引獵物前來，然後毫不費力的將牠們一口吞掉。

條紋躄魚｜（剝皮後）

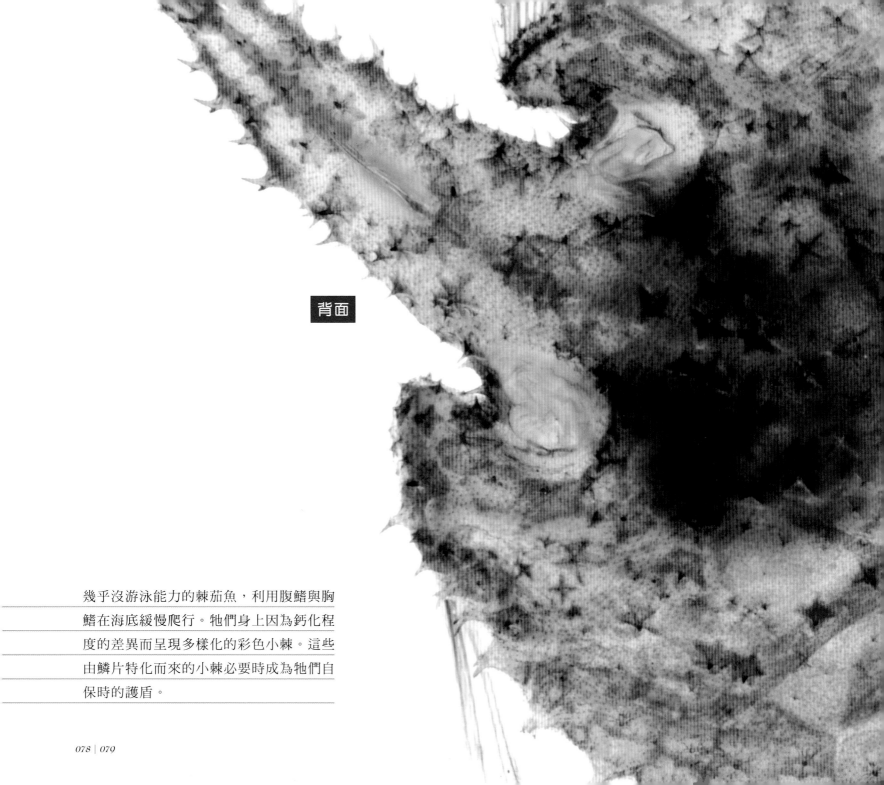

背面

幾乎沒游泳能力的棘茄魚，利用腹鰭與胸
鰭在海底緩慢爬行。牠們身上因為鈣化程
度的差異而呈現多樣化的彩色小棘。這些
由鱗片特化而來的小棘必要時成為牠們自
保時的護盾。

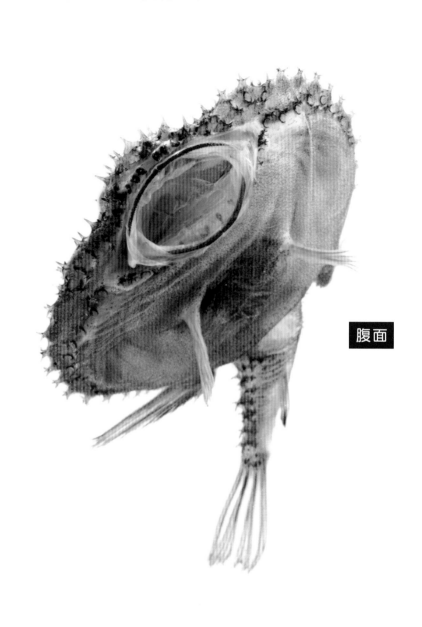

腹面

| 雲紋棘茄魚 |

屬夜行性的金鱗魚，白天喜歡棲息於沿
海珊瑚礁的縫隙或洞穴裡，透過一雙大
眼睛方便牠們在微弱的光線下活動。只
不過此處凸出的雙眼是標本處理的過程
中造成，並非金鱗魚原本的樣子。

松毬

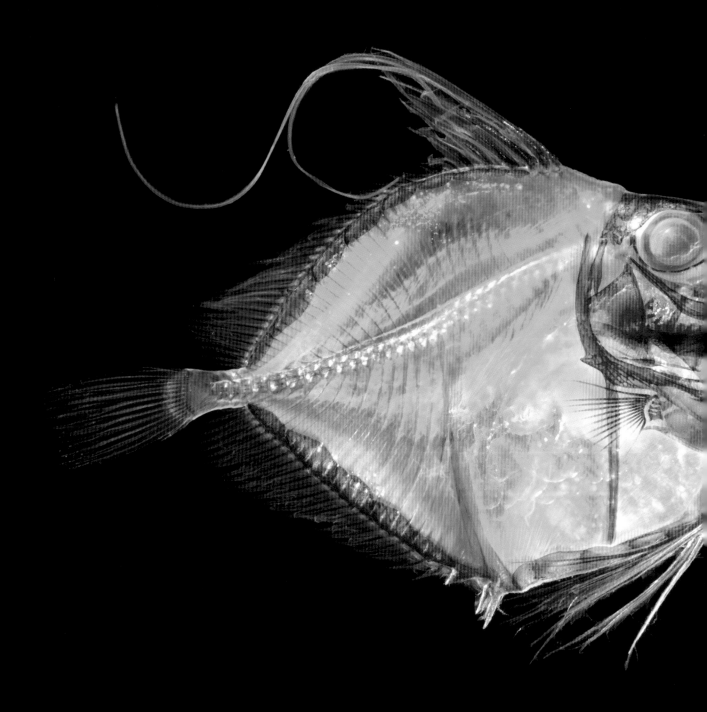

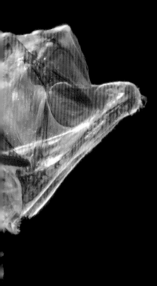

雨印鯛生活在陽光照射不到的深海中，
喜歡在貼近海底處緩慢游動。牠們具有
大型的眼睛方便在漆黑的環境下搜尋獵
物，並透過伸縮性強的上頜將其一口吞
下肚。

| 雨印鯛 |

長的最不像魚的海馬，其實擁有能在
水中呼吸用的鰓與游泳用的魚鰭，是貨
真價實的魚類。不過大部分的時間，牠
們會用尾部勾住角珊瑚或海草等海中
凸出物，隨著海流搖曳擺盪。

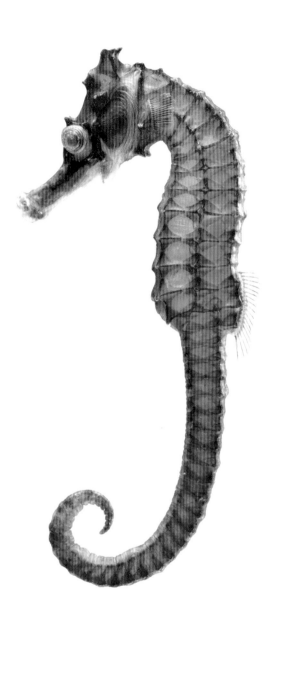

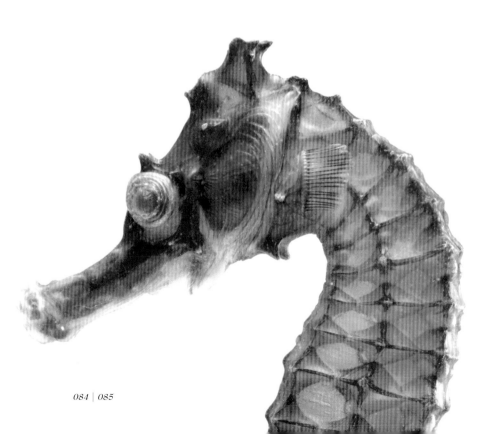

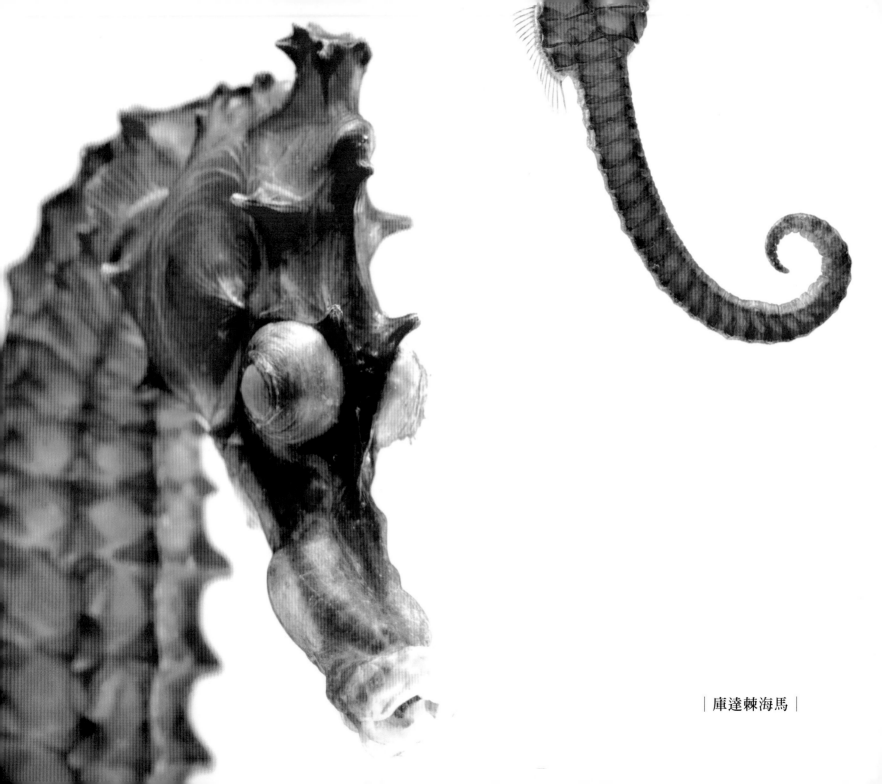

庫達棘海馬

全身覆蓋皮質骨板的海龍，喜歡用管狀的吻部在沿海礁區中吸食微小的浮游甲殼類當大餐。牠們的生殖方式和海馬一樣，在魚中極為特別。雌魚將卵產入雄魚的孵化袋後，由雄魚保護受精卵直至孵化成小魚為止。

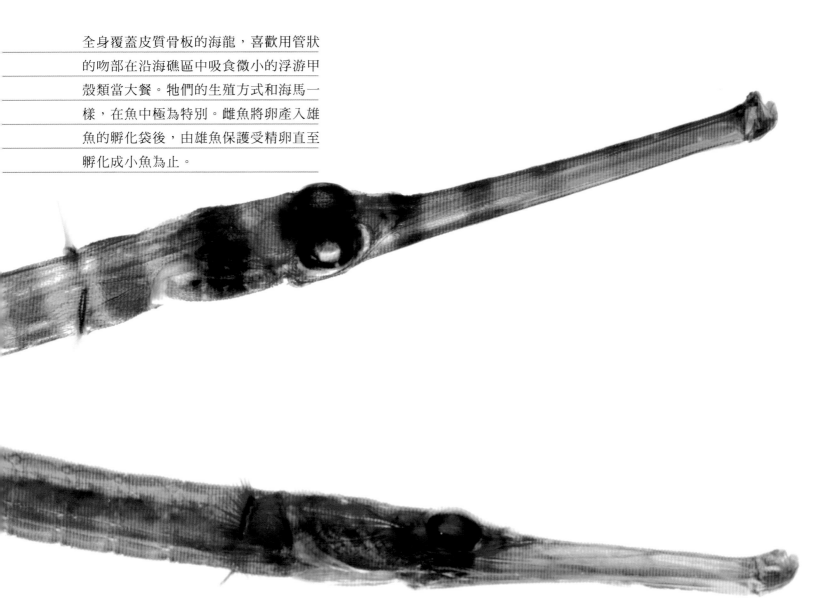

| 黑環帶吻海龍 |

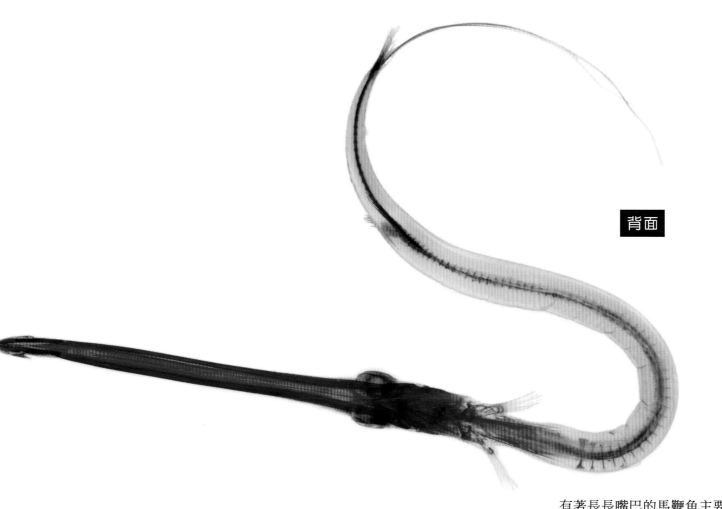

背面

有著長長嘴巴的馬鞭魚主要棲息於較無
波無浪的臨海礁石區。利用特化為管狀
的嘴部吸食小魚、甲殼動物與烏賊等獵
物。

| 棘馬鞭魚 |

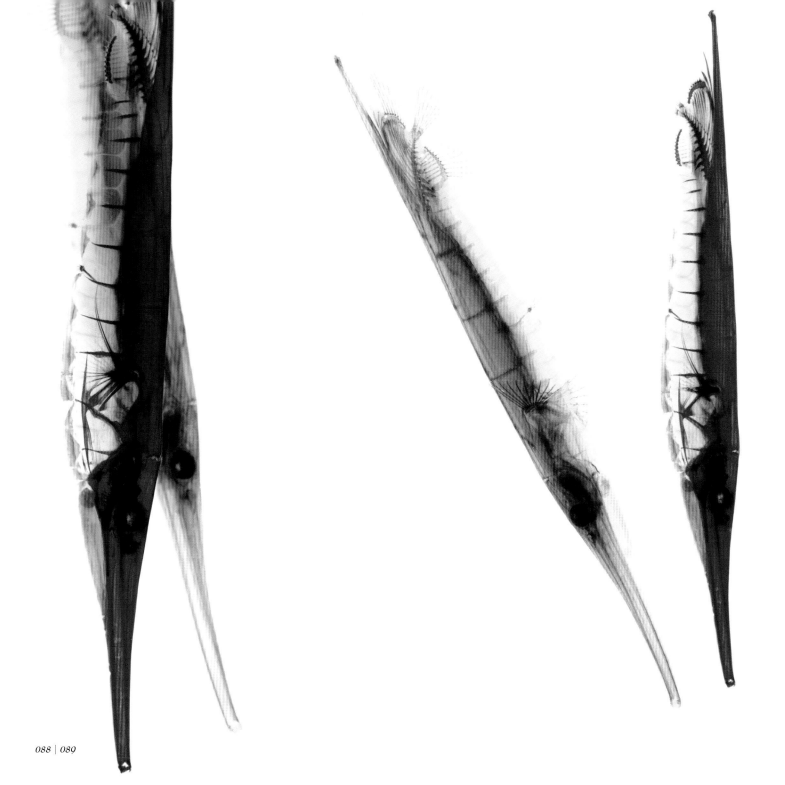

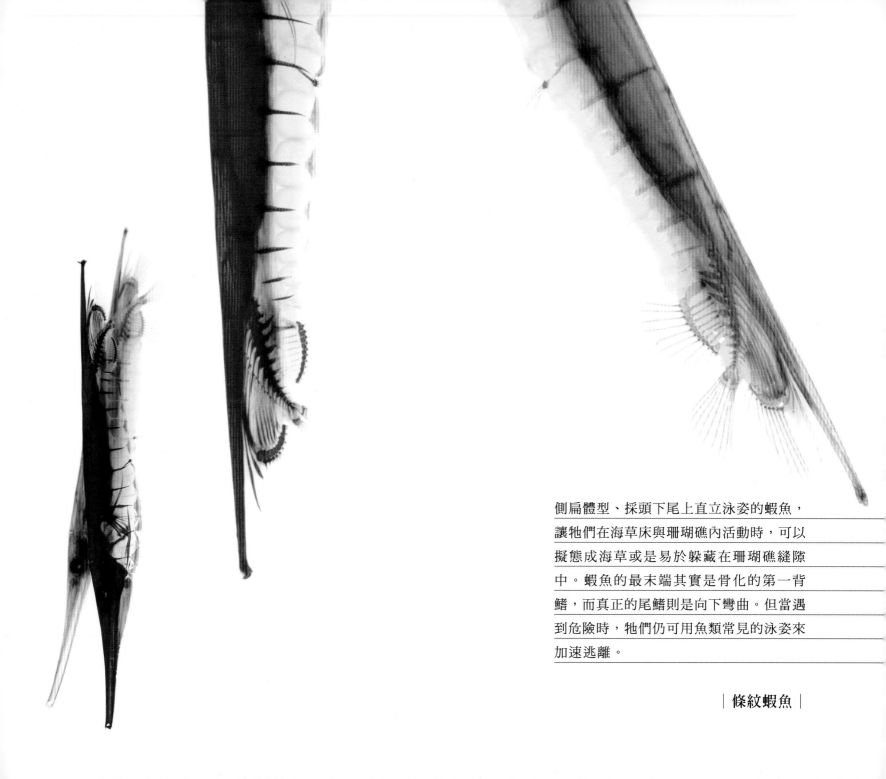

側扁體型、採頭下尾上直立泳姿的蝦魚，
讓牠們在海草床與珊瑚礁內活動時，可以
擬態成海草或是易於躲藏在珊瑚礁縫隙
中。蝦魚的最末端其實是骨化的第一背
鰭，而真正的尾鰭則是向下彎曲。但當遇
到危險時，牠們仍可用魚類常見的泳姿來
加速逃離。

| 條紋蝦魚 |

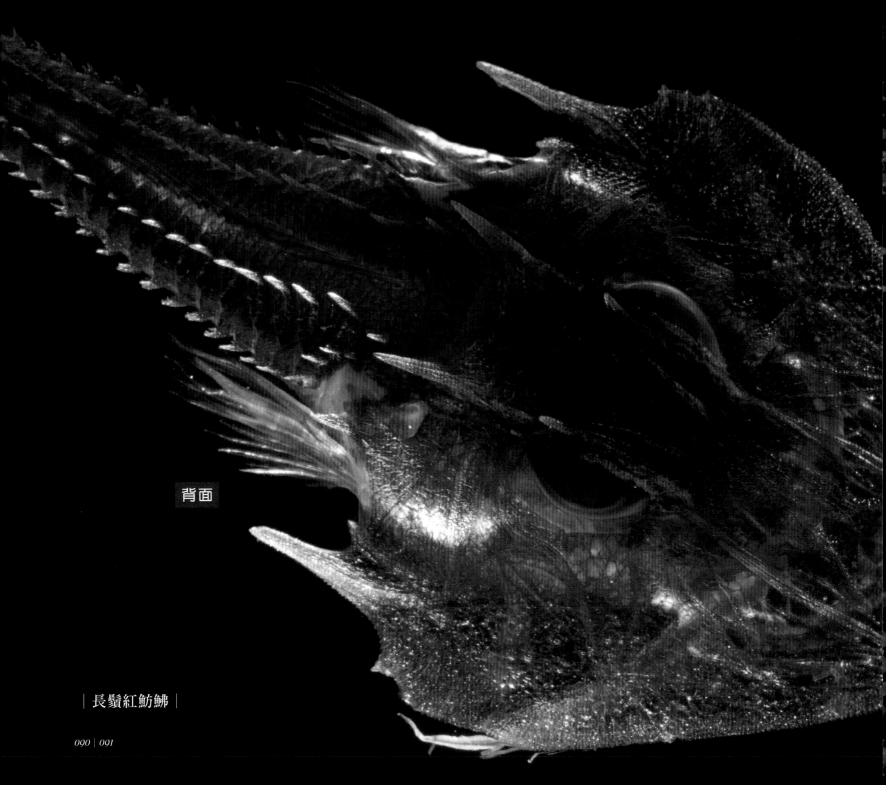

背面

| 長鬚紅魴鮄 |

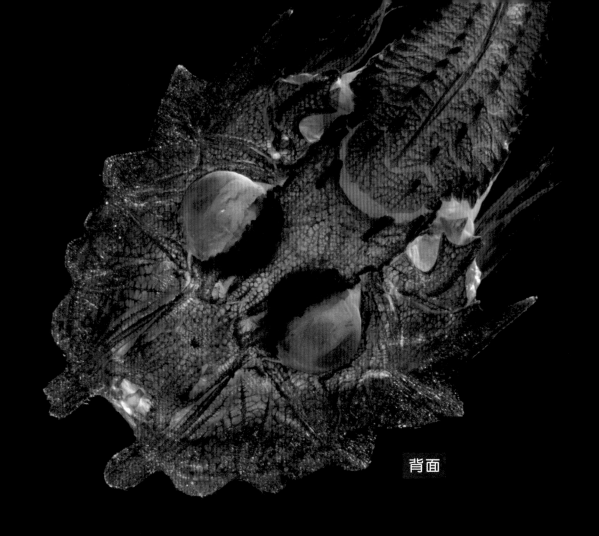

背面

底棲性的魴鮄從頭到尾皆由高度鈣化的骨板
所覆蓋，因此提供了絕佳的防護措施。鈣化
的結晶在染色後，頭部如蜘蛛網般的交錯線
條令人驚嘆不已。

| 波面黃魴鮄 |

身上覆蓋著沉重骨板的魟鱝只能在砂泥
底質水域之中匍匐移動。牠們利用嘴部
下方的鬚來探入砂中搜尋獵物，主要以
小魚、多毛類、端腳類及軟體動物等為
食。

腹面

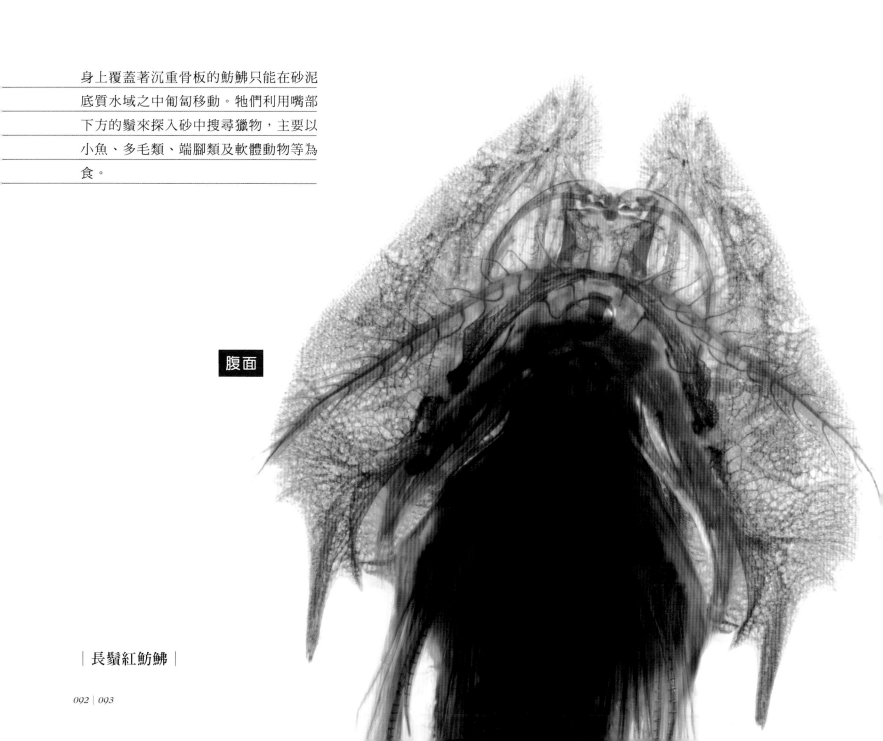

| 長鬚紅魟鱝 |

背面

| 波面黃魴鮄 |

背面

簑鮋，又稱為獅子魚，背鰭的硬棘具有
毒腺，避免遭受攻擊。也因為這樣的保
護措施，讓牠們能如入無人之境般的在
海中悠游。

| 魔鬼簑鮋 |

有異於簑鮋的自在悠游，石狗公喜歡擬
態成海裡的石頭，等待粗心的獵物從眼
前游過，然後再開大嘴一口將牠們吞下
肚。

| 魔石狗公 |

屬夜行性動物的天竺鯛，白天躲藏於洞
穴或珊瑚礁的縫隙內，晚上則在藏身處
附近的水域覓食。由於牠們種類多，色
彩多變，是頗受歡迎的海水觀賞魚。

| 考氏鰭天竺鯛 |

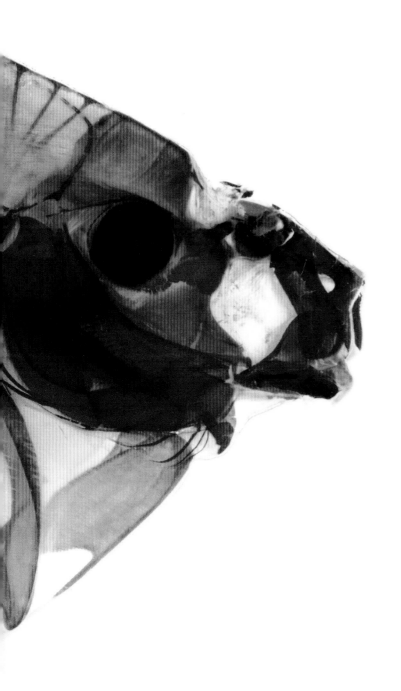

眼眶魚的體態像極了一把菜刀，所以又
被稱做皮刀魚。在透明化處理後，我們
可以發現，牠頭部的上頜骨末端僅到達
至眼前下方而未延伸連接至頭骨，這使
得牠的嘴部就像活動關節一般能進行
伸縮。

| 眼眶魚 |

背面

背部披著片狀骨板的針魟，像是底棲的
鐵甲武士，喜歡安靜的待在海底等待獵
物自行送上門。

| 吉氏針魟 |

有著跟身體不成比例的大頭與大眼。大
眼鯛的眼睛虹膜具有反射層，會將微弱
的光線凝聚反射，有如散發出明亮的光
芒般。碩大的眼睛更有助於牠們在夜間
獵食。

| 大鱗大眼鯛 |

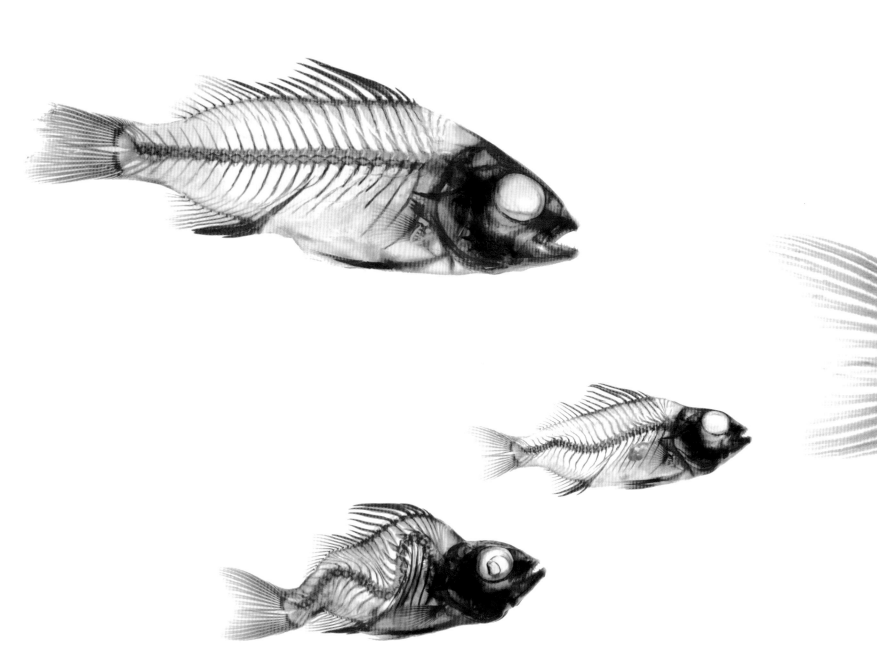

1993年時，臺灣核二廠附近發現了體型怪異的畸形魚，因彎曲的脊椎骨狀似布袋戲裡面的角色「秘雕」，故被命名為「秘雕魚」。其實牠們是花身雞魚，因受到外在溫度劇烈的變化而導致脊椎骨呈現波浪狀。有趣的是，當把秘雕魚重新放回正常水溫中飼養時，變形的脊椎骨會逐漸恢復原本的樣貌。

| 鰊 |

環紋全裸鸚鯛

隆頭魚為珊瑚礁常見的魚種，具有堅硬
的犬齒，喜歡啃食貝類、甲殼類及海膽
等無脊椎動物。

角蝶魚為珊瑚礁內常見的群聚魚種，全
身披附細小鈣質鱗片，所以在染色後整
尾呈現美麗的紅色，僅在眼眶周圍、背
鰭及臀鰭基部有部分的軟骨組織。

| 角蝶魚 |

在野外環境中喜歡成群出沒的尖翅燕
魚，總是拖著長度超過尾鰭的背鰭與臀
鰭在海中悠游。

| 尖翅燕魚 |

染色後宛若帶著紅色面具的土佐臘，有
個較其他魚類大的頭部。臘科魚類能用
胸鰭將全身埋藏在泥沙裡，只露出口部
與雙眼靜待獵物上門後一口吞下。

│ 土佐臘 │

白帶魚

偌大的口和長而鋒利的牙齒，顯示出白帶魚的掠食特性。但牠們細而綿密的肉質卻也讓牠們成為大家桌上的佳餚。

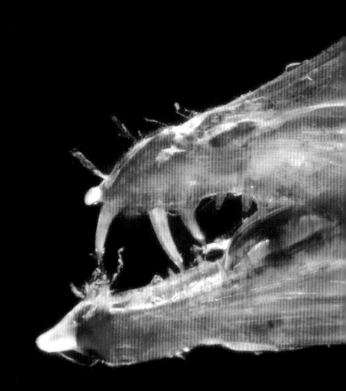

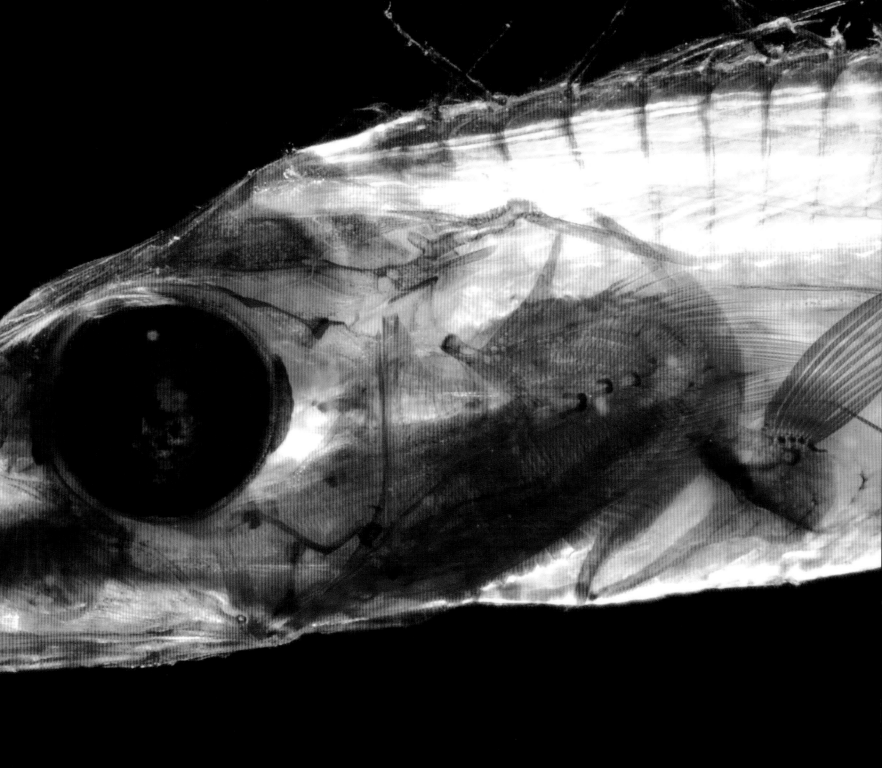

櫛赤鯊

屬於鰕虎科的赤鯊，頭上的小黑點是牠
的眼睛，這對眼睛已經藏於皮下成為痕
跡器官，也就是已經退化無用但還保留
在身體上的器官。

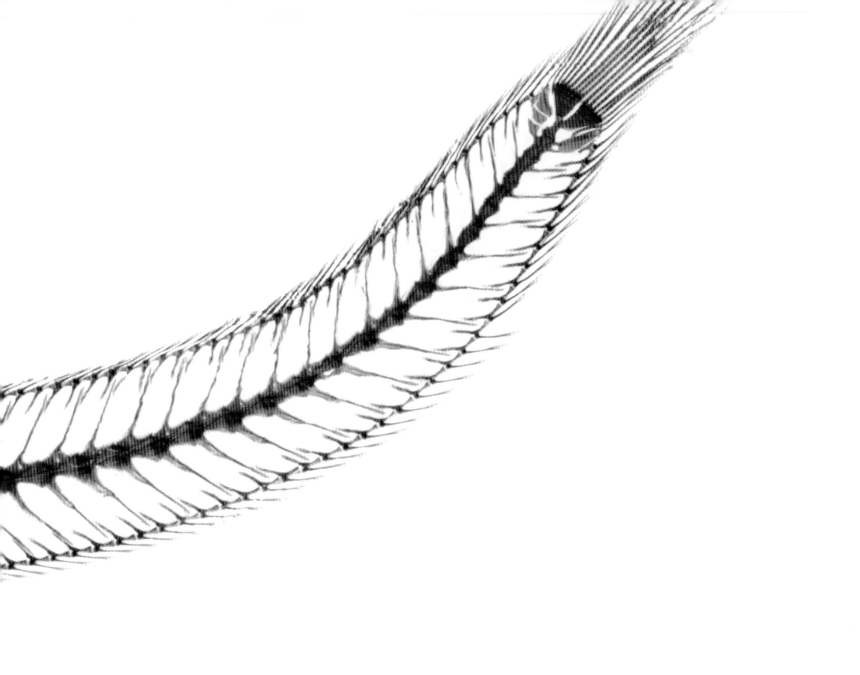

比目魚為一種身體扁平而眼睛只生長在
身體一側的魚類。根據其眼睛生長的方
向可將牠們分成左鮃或右鰈。

| 瓦鰈 |

扁平的身體加上身上多變的斑紋讓比目
魚容易將自己隱身在泥沙中，並藉以捕
食粗心的獵物。

背面

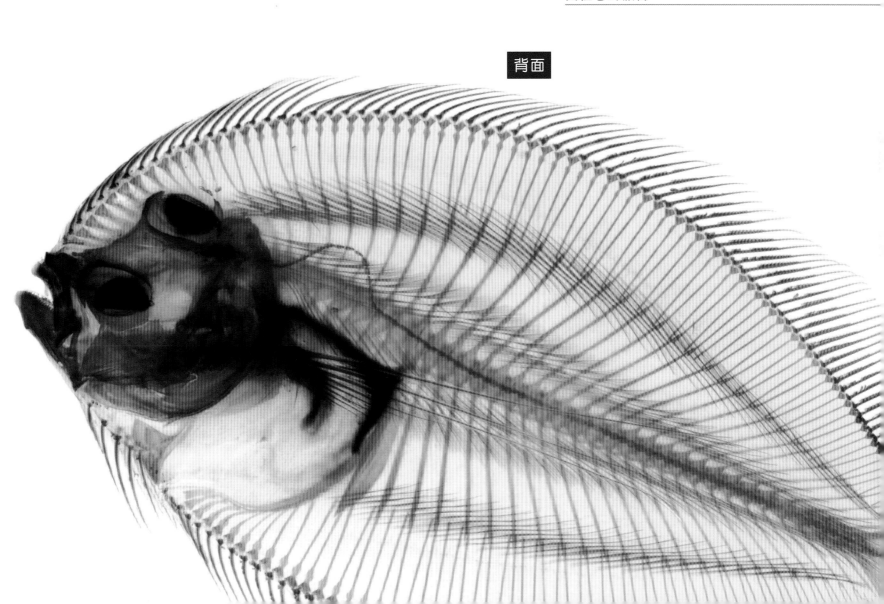

背面

極度特化的身體讓比目魚一般都躲藏在
海洋底層的泥沙中，只露出兩個如雷達
般的眼睛來搜尋獵物。更特別的是，牠
的眼睛能同時個別的向不同方向搜索。
銳利的牙齒與大大的嘴巴是用來將路過
的小魚或小蝦一口吞下。

| 五目斑鮃 |

角箱魨

四四方方的角箱魨全身覆蓋著由堅硬外骨骼接合而成的鱗甲，再加上眼睛前方與尾鰭下方的兩對共4支尖角，使得牠在海中出現時，像極了裝備完善的鐵甲武士。

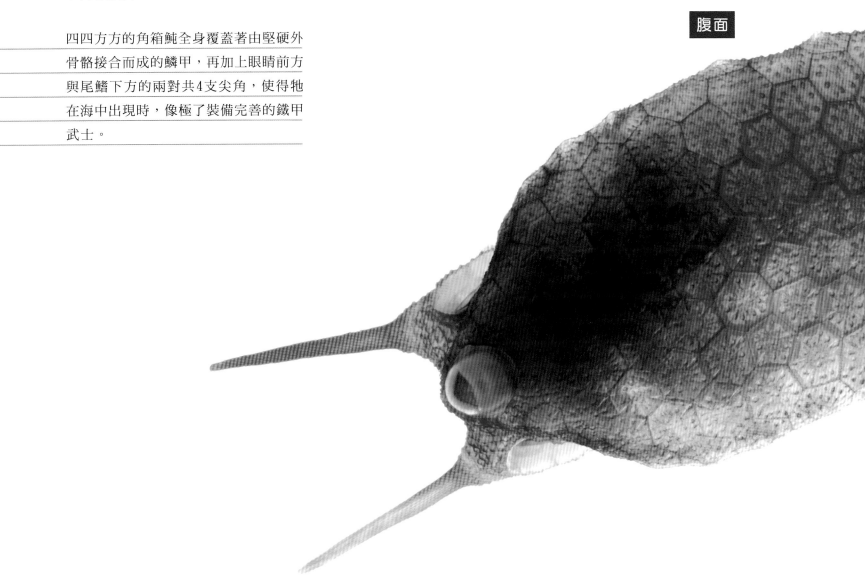

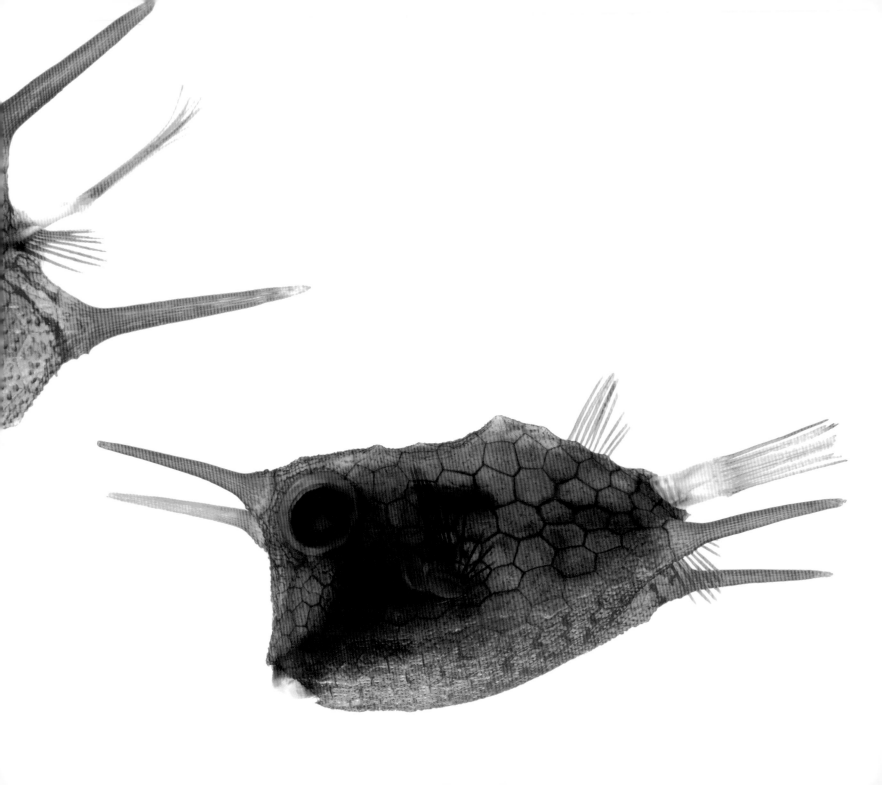

| 瓦氏尖鼻魨 |

尖鼻魨主要棲息於珊瑚礁及岩礁等淺水海域，因具有4個齒板，故稱為「四齒魨」。也因為牙齒特化的關係，牠們能以藻類、有孔蟲、海綿、小型腹足類等為食。牠們全身密布著由鱗片特化而來的小棘，使得皮膚摸起來有粗糙的感覺。

透明標本製作

觀察生物骨骼的方法有很多種，一般主要以製作乾製骨骼標本、拍攝 X 光與製作透明染色生物骨骼為主。乾製骨骼標本 製作為比較解剖學上重要的方法之一，分離後的骨頭可提供分類、演化等研究之運用。但此方法在製作過程中，常會導致部分生物骨骼組織的溶解。因此，當骨骼需要重新再組合做其他應用時，常會發生組裝不易的情形，甚至發生組裝上的錯誤。而利用 X 光拍攝骨骼時，雖然囿於生物體型態大小而有較多的限制，但卻能夠在不破壞生物外觀下進行體內骨骼的觀察。另外，因為影像是平面圖像，

要獲得立體之相對位置必須多方位拍攝才行。而且 X 光的設備安全需求較高，人員也須通過證照考試，加上經費的需求較高，常讓一般的實驗室卻步。

本書所利用的透明骨骼染色法，是利用特殊藥品將生物體的肌肉組織透明化後，再利用特殊染劑將骨骼進行二重染色，讓生物標本依骨骼成分呈現不同的紅藍兩色。此方法不但能夠避免了在製作過程中骨骼遺失與錯位的問題；費用方面也較 X 光照射法來得便宜許多，同時亦提供了立體的標本觀察角度。

準備物品

製作步驟

藥品：

10%福馬林
95%酒精
0.1%雙氧水
冰醋酸
胰蛋白腖（酵素）
硼酸鈉
氫氧化鉀
茜素紅
亞里西安藍
甘油

作業器材：

存放標本之容器
鑷子
解剖刀
藥杓
電子天秤
量筒

(1) 標本固定

(2) 水洗

(3) 漂白

(4) 酒精溶液替換1

　　30%酒精 ->50%酒精 ->70%酒精 ->95%酒精

(5) 軟骨染色

(6) 酒精溶液替換2

　　95%酒精 ->70%酒精 ->50%酒精 ->30%酒精 ->純水

(7) 浸泡胰蛋白腖（酵素）

(8) 浸泡0.5%氫氧化鉀溶液1

(9) 硬骨染色

(10) 浸泡 0.5%氫氧化鉀溶液2

(11) 浸泡混合液（0.5%氫氧化鉀：甘油=3：1）

(12) 浸泡混和液（0.5%氫氧化鉀：甘油=1：1）

(13) 浸泡混和液（0.5%氫氧化鉀：甘油=1：3）

(14) 浸泡純甘油保存

標本選擇：

一般以體型小於20公分的標本為佳。大型標本所需的耗材與時間花費相對較多，且建議需先將內臟去除。

(1) **標本固定**：利用10%福馬林浸泡約一週時間。盡量使用新鮮之標本，保存過久會讓肌肉呈現偏黃的色澤，較不美觀。

(2) **水洗**：利用流水沖洗標本數日，將標本體內之福馬林固定液洗掉。

(3) **漂白**：將標本泡在0.1%雙氧水中一天。此步驟是為了將魚體體表之色素去除。過程中需注意避免將容器密封，若密封會導致容器中壓力上升以致魚體破裂。不過有時當標本非用於學術研究時，可省略此步驟，透明後的魚體會呈現出另一種不同的感覺。

(4) **酒精溶液替換1**：時間以30分鐘至1小時更換一次為佳，用以調節魚體內滲透壓平衡。

(5) **軟骨染劑製備**：將冰醋酸與95%酒精以體積比1：4混和後，加入亞里西安藍染劑至溶液成深藍色，將標本浸泡一天即可。可藉由觀察尾鰭或背鰭是否染成藍色來辨識判定，並可避光於冰箱低溫保存以延長使用的時間。

處理前的標本仍保有原始體色。

進行軟骨染色後的標本呈現藍色。

⑹酒精溶液替換2：每一階段浸泡直至標本沉入底部後再進行更換。

⑺胰蛋白腖(酵素)溶液製備：將2.4g硼酸鈉溶於100毫升的水中後，加入1克之胰蛋白酶即可。可利用烘箱將保存溫度提昇至35~40℃以提高反應的效率。約每一週更換一次以加快製作速度，直至稍見骨骼即可。

⑻氫氧化鉀溶液1：用來調節魚體滲透壓。

⑼硬骨染劑製備：於0.5%氫氧化鉀溶液加入茜素紅至深紫色後，將標本浸泡一天即可。

⑽氫氧化鉀溶液2：用來將硬骨染劑進行脫色。

⑾~⒀混合液替換：不同溶液比例下各浸泡直至魚體沉入底部後，多等待1~2天再進行下個階段。

⒁純甘油保存：將標本放入保存容器後勿加滿，需留下一些空隙，因甘油在高溫下會膨脹，常容易導致液體滲出。

以酵素與硬骨染劑處理後的標本呈現紅藍交替的半透明感。

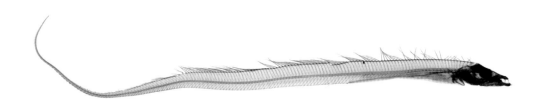

透明化完成後的標本。

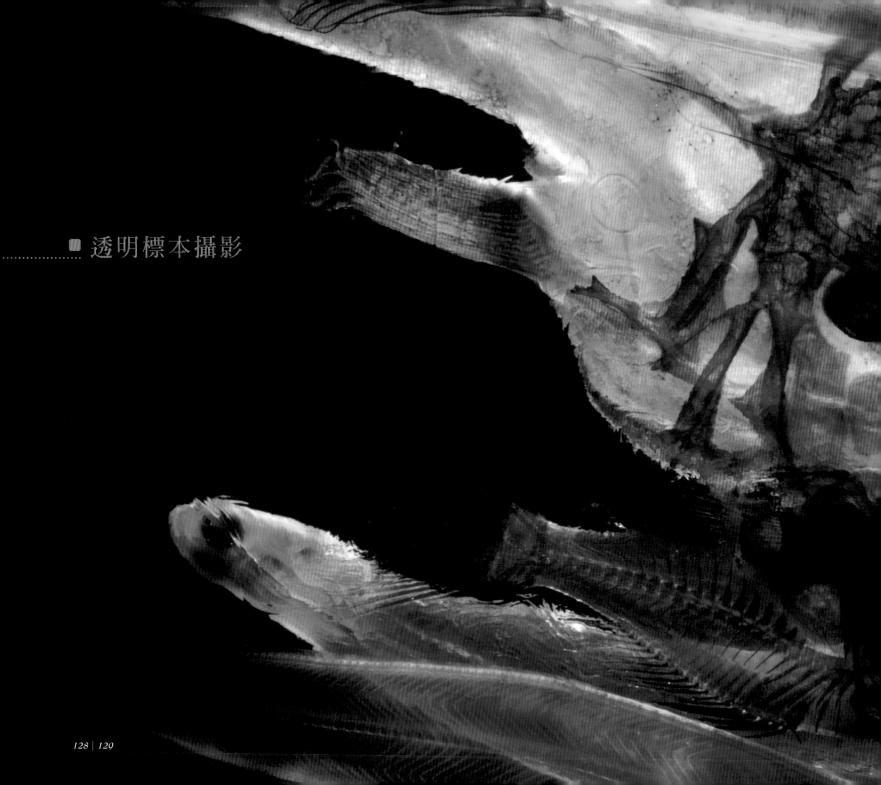

透明標本攝影

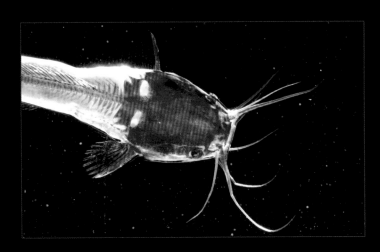

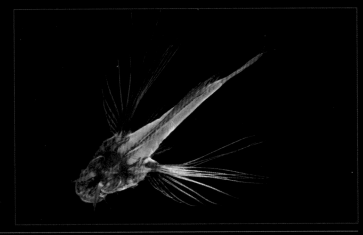

→↗ 標本的觸角與絲狀的鰭
要藉由浮力才會自然展開，
所以必須泡在水中拍攝。

生物標本的拍攝常以科學研究為目的，
因此盡可能會使所有物種的特徵都在
同一張相片中清楚呈現。所以，標本
拍攝幾乎都是縮小光圈來獲得最大的景深，讓標
本從頭到尾都能清楚檢視。此外為了強調主體，
使邊緣的特徵容易觀察，背景的選擇也很重要，
最好是單色且盡量避免陰影。但如何拍出
「無影」的照片？

基礎方法是使用翻拍架，先在底板鋪上單色的背
景布（通常非黑即白），架高一層玻璃，標本擺
放其上，相機鎖緊之後垂直往下拍攝，如此標本
本身的陰影即落在畫面之外，而玻璃下方的布紋
因為不在焦距上而模糊掉，在照片上便呈現出單
一而均勻的背景。大多數的標本拍攝為了方便起
見，都以上述「乾式」的方法拍攝，但很多水生
生物體表具有毛絮狀物（如絨毛、觸鬚、鰭
等等），這些特徵必須在浮力作用下才能顯現，
所以這時則改用「溼式」方法拍攝。原理同上，
只要把玻璃片換成注入水的玻璃水槽，將標本浸
泡其中，體表的毛絮狀物即能自然伸展，此舉也
能避掉體表大部分的反光。而且標本在水的三維
空間內，能表現的姿勢也更多，甚至可以製造
水流，用高速快門加同步閃燈捕捉魚鰭在水中伸
的瞬間。本書的多數照片即是以這種方法拍攝。

過背景布偶爾會因不夠平整或打光不均勻而
生若干陰影，但只要使用黑布當底就能輕易
決此問題。此外黑底的另一好處是，容易襯
出標本邊緣的特徵，特別是剛毛、觸鬚、棘
等凸出的附屬物。如果再打個逆光，特徵將
容易被強調出來，也更能營造出不同的氛
。但缺點是玻璃的刮痕與汙漬同時也容易被
顯，所以拍攝前須將玻璃擦拭乾淨，才能得
全黑、無瑕的背景。反之如果使用白色底
，只要稍有皺褶或打光不均，一點點的陰影
會無所遁形，標本邊緣的細節更容易被白色
染而遺失，大大降低照片的價值。不過使用
白底也有其優點，主要是玻璃上的灰塵與刮痕
會被白底覆蓋，可以省下擦拭玻璃的工夫。如
選擇白底或黑底端看照片使用目的而決定。
本書部分的照片以白底拍攝有另一個重要原
因：掩蓋標本的先天缺陷。有些標本表皮容易
反射出屍體泛白的色澤，如果在黑底的對比
下，透明感蕩然無存，遂以白底拍攝，視覺上
較能補回一些透明度。然而也如前所述，白底
較容易犧牲掉標本邊緣的細節。若要保留細
節，只能索性降低曝光值，但如此則會得到一
個要白不白偏灰色的背景。所以，為了兼顧
主體的細節與背景，本書照片不得不走向最後
一步——後製，把相片「去背」處理——把灰色

←把標本用玻璃墊高就可拍出
「無影」的標本照，但為了避
免底布的布紋，布宜攤平，打
光也要均勻。

←有些魚體表面容易泛出灰白
的反光，以黑底拍攝顯得格外
明顯。

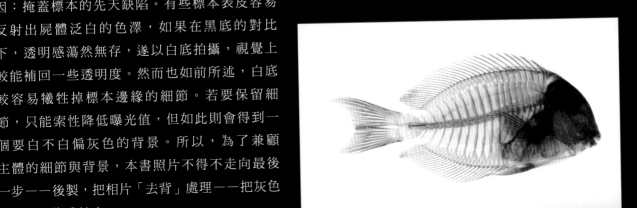

←用白底拍攝即可以把灰白的
反光掩飾掉。

↑ → ↗ 黑底拍攝加上打光的控制，不需要後製特效就可以創造出與白底截然不同的氛圍。上圖魚頭上的星芒反光是魚體殘留的甘油，使用小光圈即可以達到這種效果，但必須趕在甘油逸散之前搶拍完成。對付大標本也不見得要多燈齊發講求受光均勻，用單燈打硬光可營造出不同的氛圍，但較難表現出「透明」的本質，僅可偶爾為之。

←白底拍攝可以強化穿透光的感覺，能增加標本的透明感，但缺點是邊緣細節很容易被暈蓋過去。圖中鮟鱇魚第一鰭條的「釣餌」就完全消失殆盡，若要保留必須降低曝光值，但這樣的話容易得到灰色背景。

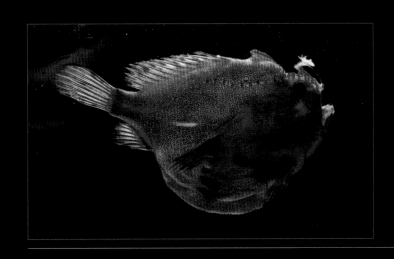

←黑底拍攝可將邊緣的細節完全保留，如圖中鮟鱇魚第一鰭條的「釣餌」即一清二楚，這根「釣竿」是動態的瞬間，如果不用高速快門拍攝，它會縮回去和魚體貼在一起，所以必須以閃光燈為主要光源。但因為黑底會有鏡面的效果，標本上方的手部動作容易形成倒影，不可不慎。

為了強調標本的透明感，光源不能只用翻拍架附設的表面光，那些光只是提供對焦之用，主光必須是「穿透光」：逆光。為了打光的機動性考量，本書相片完全以離機閃光燈拍攝，相機也全程手持，把標本當作活著的動物在拍。打光方式隨標本性質而異：有些標本體型大，為求受光均勻，常用兩盞以上閃燈拍攝；有些標本小，只要一盞閃燈即足夠；有些標本頭部特別厚，還要再加一盞替頭打光；黑底拍攝時不希望底布吃光，燈頭焦距必須拉長，打出硬光；白底拍攝則相反，底布吃光越均勻越好，所以縮短燈頭焦距或加柔光罩。

照片索引

P20–21

銀鮫　*Chimaera phantasma*｜27公分
分布於西太平洋，爲棲息於大陸棚及
上層斜坡之中小型深水魚類

P24

臺灣喉鬚鮫　*Cirrhoscyllium formosanum*｜17公分
目前僅記錄於臺灣南部東港附近海域
可能爲臺灣特有種鯊魚

P19
P22–23
P25

梭氏蜥鮫　*Galeus sauteri*｜16公分
分布於西太平洋
爲棲息於大陸棚斜坡的底棲性魚類

P18
P26–29

廣東老板鱝　*Dipturus kwangtungensis*｜19公分
主要分布於西北太平洋
爲深海底棲性魚類

P34–37

P33
P48–49

史氏鱘 *Acipenser schrenckii* │ 13.5公分
分布於亞洲
喜好生存於具砂石底質的河川中
為淡水底棲性魚類

彼氏錐頜象鼻魚 *Gnathonemus petersii* │ 10公分
分布於非洲
為淡水底棲性魚類

P38–39

P42–43

眼斑雀鱔 *Lepisosteus oculatus* │ 10公分
分布於北美洲
主要生存於水流平靜之湖泊或溪流中

銀帶 *Osteoglossum bicirrhosum* │ 9.5公分
分布於南美洲之淡水水域中
喜好活動於水表層

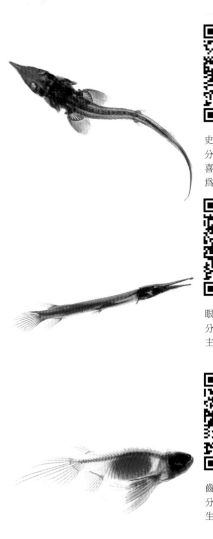

P30
P32
P40
P44–45

P52–53

齒蝶魚 *Pantodon buchholzi* │ 9公分
分布於中西非之淡水水域
生活於河川或湖泊的水層表面

珍珠馬甲 *Trichogaster leerii* │ 3.5公分
分布於東南亞淡水河川
或是低窪沼澤中

P46–47

P54–55

飾妝鎧弓魚 *Chitala ornata* │ 11公分
分布於東南亞國家
包含泰國、柬埔寨與越南等的中大型河川中

大神仙魚 *Pterophyllum scalare* │ 11公分
分布於南美洲
喜好水流緩慢與水草叢生的沼澤中

P56-57

金魚 *Carassius auratus auratus* ｜ 7.5公分
源於中國與日本之淡水魚種
在野外喜好生存於水流緩慢之河川中

P58-59

血鸚鵡 *Bloody parrot* ｜ 3公分
為人工繁殖出來的雜交魚種
且不具生殖能力

P60-61

鬍鯰 *Clarias fuscus* ｜ 7公分
棲息於河流、溝渠等具泥質地之水體中
為夜行性底層活動魚類

P62-63

柳葉鰻 *Leptocephalus* ｜ 14.5公分
為鰻魚的幼生期
為硬骨魚中物種多樣性最高的一個分群

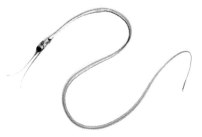

P64-65

線鰻 *Nemichthys scolopaceus* ｜ 76公分
分布於溫帶及熱帶海域
為深海底層大洋性魚類

P67

稜鯷 *Thryssa* sp. ｜ 8.5公分
廣泛分布於世界各大海域
是海洋中掠食者所捕食的餌料生物之一

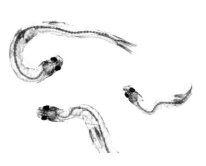

P66

魩仔魚 *Whitebait* ｜ 4.5公分
魩仔魚為鯷科的仔稚魚
是魚類們的重要餌料之一

P68

閃電爛光魚 *Polyipnus stereope* ｜4.5公分
分布於西北太平洋
爲近海中層魚類

P74-75
P144-145

黑鮟鱇魚 *Lophiomus setigerus* ｜10.5公分
廣泛分布於印度-太平洋區
爲底棲於近海砂泥底質海域之魚類

P71

星衫魚 *Astronesthes* sp. ｜14公分
廣泛分布於世界各大洋
爲生活於大洋中層或底層的海洋發光性魚類

P76-77

條紋躄魚 *Antennarius striatus* ｜10公分
廣泛分布於世界三大洋之溫暖水域
爲底棲於各種底質水域之魚類

P70

小鰭鐮齒魚 *Harpadon microchir* ｜16.5公分
分布於西北太平洋
爲棲息於大陸棚緣深水域之中小型底棲性魚類

P78-79

雲紋棘茄魚 *Halieutaea fumosa* ｜9.5公分
分布於印度-西太平洋區
爲棲息於深海底層之魚類

P72-73

尖尾海鰗鰍 *Bregmaceros lanceolatus* ｜9.5公分
分布於西太平洋
喜好棲息於大陸棚底層水域

P69

燧鯛 *Hoplostethus crassispinus* ｜6公分
分布於西北太平洋
爲棲息於大陸棚陡坡區深水域的底層魚類

P84-85

庫達棘海馬 *Hippocampus kuda*｜9公分
分布於印度-太平洋中
具海藻床的岩礁海域

P80-81

松毬 *Myripristis* sp.｜7公分
廣泛分布於世界三大洋之熱帶海域
爲珊瑚礁區中小型魚類

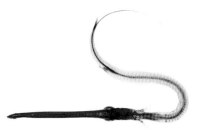

P87

棘馬鞭魚 *Fistularia commersonii*｜19.5公分
分布於印度-太平洋海域
之礁石區

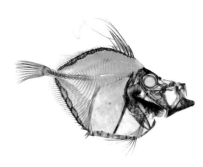

P82-83

雨印鯛 *Zenopsis nebulosa*｜16公分
分布於太平洋區
爲棲息於大陸棚斜坡之深海底層魚類

P88-89

條紋蝦魚 *Centriscus scutatus*｜11公分
分布於印度-西太平洋海域
爲珊瑚礁區小型魚類

P86

黑環帶吻海龍 *Doryrhamphus dactyliophorus*｜13.5公分
分布於印度-太平洋中
具岩礁海域

P90
P92

長鬚紅魴鮄 *Satyrichthys amiscus*｜11.5公分
分布於西北太平洋
爲底棲於砂泥底水域之魚類

P91
P93

波面黃魴鮄 *Gargariscus prionocephalus* │ 9.5公分
主要分布於日本、臺灣、菲律賓等地
為底棲於砂泥底水域之魚類

P102

吉氏針鮄 *Hoplichthys gilberti* │ 13.5公分
分布於印度-西太平洋區
為底棲於大陸棚砂泥底之深海魚類

P31

條紋線鮋 *Ocosia fasciata* │ 11公分
分布於西北太平洋海域
喜好棲息於大陸棚邊緣軟質底部

P103

大鱗大眼鯛 *Pristigenys niphonia* │ 10.5公分
分布於印度-西太平洋區
主要棲息於沿、近海礁區

P51
P94-95

魔鬼簑鮋 *Pterois volitans* │ 5.5公分
分布於印度-太平洋區
喜好棲息於珊瑚或岩石底質的礁石平臺

P98-99

考氏鰭天竺鯛 *Pterapogon kauderni* │ 5公分
分布於太平洋海域
為珊瑚礁中的小型魚類
因商業性捕撈而導致族群大量銳減

P6-7
P41
P96-97

魔石狗公 *Scorpaenopsis neglecta* │ 7.5公分
分布於印度-太平洋區
喜好棲息於外環礁區

P100-101

眼眶魚 *Mene maculata* │ 13公分
分布於印度-西太平洋區
熱帶及亞熱帶海域

P14–15

眼斑海葵魚 *Amphiprion ocellaris*｜3公分
分布於印度–西太平洋區
為珊瑚礁區常見魚種，喜好與海葵共生

P4–5

黑邊鰏 *Eubleekeria splendens*｜5公分
分布於印度–西太平洋區
喜好棲息於砂泥底質的沿海或河口區

P106

環紋全裸鸚鯛 *Hologymnosus annulatus*｜18公分
分布於印度–太平洋區
主要棲息於珊瑚礁向海面及礁砂混合區

P50

飄浮蝴蝶魚 *Chaetodon vagabundus*｜7.5公分
分布於印度–太平洋區
為珊瑚礁區常見魚種

P110–111

土佐䱵 *Uranoscopus tosae*｜8公分
分布於西太平洋
喜好底棲於大陸棚與大陸棚邊緣之沙礫底部

P104–105

鯻 *Terapon jarbua*｜7公分
分布於印度–太平洋區水域
為底棲於沿海、河川下游及河口區砂泥底質之魚類

P114–115

櫛赤鯊 *Paratrypauchen microcephalus*｜10公分
分布於印度–太平洋區
喜好埋藏在近岸河口區的底泥裡

 P108–109

尖翅燕魚 *Platax teira* │ 9公分
分布於印度－太平洋區
幼魚會擬態成枯葉，躲藏在漂於水面的漂浮物之下
以浮游生物及藻類爲主食

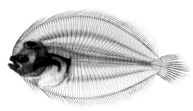

 P117

豹紋鮃 *Bothus pantherinus* │ 17公分
臺灣南部常見的經濟魚類
大半時間潛伏在泥砂中或礁盤上
利用多變的體色來欺敵與獵食

 P107

角蝶魚 *Zanclus cornutus* │ 9.5公分
廣泛分布於印度－太平洋及東太平洋區
常見於潟湖、礁臺與珊瑚岩礁區

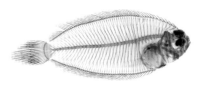

 P116

瓦鰈 *Poecilopsetta plinthus* │ 11.5公分
分布於西北太平洋
爲近海大陸棚砂質底床之底棲性魚類

 P112–113

白帶魚 *Trichiurus lepturus* │ 30公分
廣泛分布於世界各溫熱帶海域
爲中底層洄游性魚類

 P120–121

角箱魨 *Lactoria cornuta* │ 6.5公分
分布於印度－太平洋區
常見於礁石附近的藻叢區

 P118–119

五目斑鮃 *Pseudorhombus quinquocellatus* │ 14公分
分布於印度－西太平洋區
喜好底棲於大陸棚砂泥質中

 P12–13
P122–123

瓦氏尖鼻魨 *Canthigaster valentini* │ 9公分
分布於印度－太平洋區
爲珊瑚礁區常見之小型魚類

名詞索引

頁碼	中文 英文						
13	茜素紅 Alizarin red	15	尾鰭 Caudal fin	16	條鰭魚綱 Class Actinopterygii	20	入水孔 Spiracle
13	亞里西安藍 Alcian blue	15	臀鰭 Anal fin	16	軟骨硬鱗亞綱 Subclass Chondrostei	24	盾鱗 Placoid scale
13	脊椎骨 Vertebrae	15	尾下骨 Hypural bone	17	二疊紀 Permian	25	交接器 Clasper
14	鰓 Gill	15	尾下骨盤 Hypural plate	17	侏儸紀 Jurassic	30	鱗質鰭條 Lepidotrichia
14	鰓孔 Gill opening	15	支鰭骨 Actinost	17	新鰭魚亞綱 Subclass Neopterygii	31	高階硬骨魚 Advanced bony fishes
14	背鰭 Dorsal fin	16	寒武紀 Cambrian	17	眞骨魚組 Division Teleostei	35	晚白堊紀 Cretaceous
14	胸鰭 Pectoral fin	16	志留紀 Silurian	17	骨舌魚亞組 Subdivision Osteoglossomorpha	35	硬質骨板 Bony plate
14	腹鰭 Pelvic fin	16	泥盆紀 Devonian	17	正眞骨魚亞組 Subdivision Euteleostei	37	歪尾鰭 Heterocercal tail
14	硬棘 Spine	16	軟骨魚綱 Class Chondrichthyes	17	古代魚 Archaic fishes	40	骨舌魚 Bonytongues
14	鰓蓋骨 Opercle	16	全頭亞綱 Subclass Holocephali	18	鰓裂 Gill slit	63	耳石 Otolith
15	軟鰭條 Soft ray	16	板鰓亞綱 Subclass Elasmobranchii	18	角質鰭條 Ceratotrichia	86	皮質骨板 Dermal plate

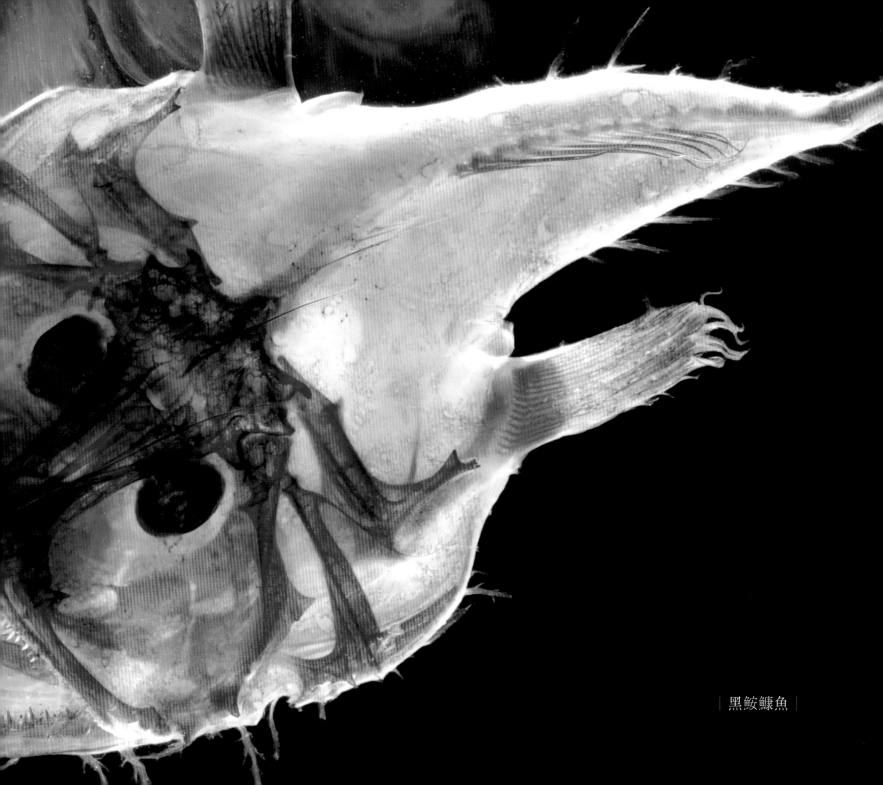

黑鮟鱇魚

Knowledge系列003

透視‧魚

作　　　者―國立海洋生物博物館
審　　　稿―趙寧、方力行
撰　　　文―王劭頤、李政璋、劉銘欽、姜海、張至維
標本製作―王劭頤
攝　　　影―李政璋
主　　　編―顏少鵬
責任編輯―李國祥
責任企畫―張育瑄
校　　　對―林忠孝
相片編修―莊雅晴、林珮瑛（天地廣告有限公司）
封面設計―林庭欣
美術設計―龔家弘、莊雅晴（天地廣告有限公司）
發 行 人
　　　　　―孫思照
董 事 長
總 經 理―趙政岷
總 編 輯―李采洪

出版者―時報文化出版企業股份有限公司
10803臺北市和平西路三段二四〇號三樓
發行專線―（〇二）二三〇六六八四二
讀者服務專線―〇八〇〇二三一七〇五、（〇二）二三〇四七一〇三
讀者服務傳真―（〇二）二三〇四六八五八
郵撥―19344724時報文化出版公司
信箱―臺北郵政七九~九九信箱
時報悅讀網―http://www.readingtimes.com.tw
電子郵件信箱―newstudy@readingtimes.com.tw

第二編輯部臉書時報⑯之二―http://www.facebook.com/readingtimes.2
法律顧問―理律法律事務所陳長文律師、李念祖律師
印　　　刷―詠豐印刷股份有限公司
初版一刷―二〇一三年八月三十日
定　　　價―新臺幣四五〇元
I S B N―978-957-13-5822-2

國家圖書館出版品預行編目(CIP)資料

透視‧魚 / 國立海洋生物博物館著.
-- 初版. --
北市：時報文化，民102.08
面；　公分-- (Knowledge系列；3)
ISBN 978-957-13-5822-2 (精裝)

1.動物標本 2.魚類 3.動物演化

380.34　　　　　　　　　102016549

Printed in Taiwan

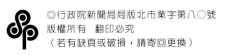